普通高等教育"十二五"规划教材

风景园林系列

园林工程预算

刘晓东　孙　宇　主编

王金麟　副主编

闫永庆　主审

U0312025

化学工业出版社

·北京·

本书介绍了园林工程预算的基本概念、工程定额、预算的构成以及计算的过程，结合当前园林工程预算的实际情况，通过具体的案例计算，来说明园林工程预算的计算方法，并且分别采用了园林工程定额计价和园林工程工程量清单计价两种方法计算，适应了园林行业的社会发展需求。同时，还介绍了计算机在园林工程预算中的应用及相关软件的使用方法。

　　本书资料丰富，联系实际，可作为学习和编制园林工程预算的教材和工具书，亦可供各层次院校的园林、风景园林专业教学使用，也可作为从事相关专业的工作人员自学使用。

图书在版编目（CIP）数据

园林工程预算/刘晓东，孙宇主编. —北京：化学工业
出版社，2013.2（2022.4 重印）
普通高等教育"十二五"规划教材·风景园林系列
ISBN 978-7-122-16495-7

Ⅰ.①园… Ⅱ.①刘…②孙… Ⅲ.①园林-工程施工-建筑
概算定额②园林-工程施工-建筑预算定额 Ⅳ.①TU986.3

中国版本图书馆 CIP 数据核字（2013）第 025751 号

责任编辑：尤彩霞　　　　　　　装帧设计：关　飞
责任校对：边　涛

出版发行：化学工业出版社（北京市东城区青年湖南街 13 号　邮政编码 100011）
印　　装：北京建宏印刷有限公司
787mm×1092mm　1/16　印张 11　字数 264 千字　2022 年 4 月北京第 1 版第 7 次印刷

购书咨询：010-64518888　　　　　　售后服务：010-64518899
网　　址：http://www.cip.com.cn
凡购买本书，如有缺损质量问题，本社销售中心负责调换。

定　　价：36.00 元

普通高等教育"十二五"规划教材·风景园林系列

《园林工程预算》编写人员

主　　编　刘晓东　东北林业大学

　　　　　孙　宇　黑龙江生态工程职业学院

副 主 编　王金麟　东北林业大学

主　　审　闫永庆

参　　编　（以姓氏笔画为序）：

　　　　　李永静　黑龙江农业工程职业学院

　　　　　耿丽丽　黑龙江生态工程职业学院

序

目前相关政府部门提出建设"生态城市""森林城市"等城市发展目标，园林工程建设越来越受到人们的重视。人们对生活的追求不仅仅是物质上的，而且同时是从物质追求转型为精神追求。在居住环境方面人们需要的是乔木、灌木、地被植物的整体配置实现的立体绿化、复式布局，从而为人们创造出舒适宜人、优美如画的生活空间。通过对园林工程的艺术性建筑小品的点缀和补充，构建富有广泛意境的五维空间，以满足人们现代生活的审美要求，已成为当代人们追求的新时尚，因而促进了园林行业的蓬勃发展。高水平、高质量的园林工程建设，既能改善生态环境又能提高经济效益，这是两个文明建设成果的体现，也是人民高质量生活、工作环境建设的基础。园林艺术精品是通过园林工程建设、植树造林、栽花种草而构成的完整的绿地系统和优美的园林小品艺术景观。通过园林工程建设而希望能够达到净化空气、防止污染、调节气候、改善生态、美化环境的目的。

园林工程建设不同于一般工业、民用建筑等工程，它具有科学的内涵和艺术的外貌。每项工程各具特色，风格迥异，工艺要求不尽相同，而且工程项目内容丰富，类别繁多，工程量大小也有天壤之别，同时还受地域差别和气候条件的影响，因此，园林景观产品由于工艺、材料、地域、规格等差别，单位差价明显。根据设计文件的要求，对园林工程事先从经济上加以预算，在工程决策方面，相对于一般工程来说，具有更重要的意义。

本书内容比较广泛而实用，编者结合多年的园林工程实践经验总结了不同园林工程预算的编制方法，并分类详述。本书特点在于，首先，本书从园林专业的学生培养要求出发，以所做过的园林工程为实例，诠释园林工程预算的意义、编制、计算方法。其次，本书内容衔接有序，图文并茂，各种生产使用表格、费率齐全，其内容能够满足园林类专业教学和职业岗位培训的应用。

相信本书的出版能够为广大从事园林工程建设研究者提供参考，也更希望有更多同仁对我们的工作提出宝贵意见和建议。

中国风景园林学会理事
国家土建类风景园林教学指导小组委员
中国园林杂志编委
国务院学位办风景园林专业硕士学位教学指导委员会委员

2013 年 3 月

前 言

园林工程预算这门课程是园林专业的必修课程，也是风景园林学专业的重要基础内容。它是对园林工程项目建设前、建设中、建设后所需的费用进行预算，有效地在资金上进行规划、控制和管理。近些年来，园林行业在建设规模、建设水平、人才培养等方面都有了很大的发展，园林公司规模也逐渐壮大，已先后有越来越多的园林相关企业融资上市。但在造价领域里面，园林工程造价却相对落后，无论在学校的专业设置、培养手段，还是在教学资源等方面，都不能满足教学工作的正常需求，致使具有园林工程预算技能的实用型人才供不应求。为了更好地适应社会需求，提高园林专业学生的综合素质，以培养高技能实用型人才为出发点而编写了本教材。

本书的主要特点是：

1. 依据普通高校园林专业的培养目标，结合实际就业岗位对从业者能力方面的要求，从概念阐述到实际案例，循序渐进，使读者容易掌握。

2. 本书内容充实，图文并茂，在语言表述上力求通俗易懂，知识量适中。对于实际案例的完成，其具体步骤表述细致全面，具有实际指导意义。

3. 本书分别介绍了园林工程定额计价法和园林工程量清单计价法，对比介绍各自的优点和不足，可使读者在实际工作中做出良好的选择。

4. 本书应用学科领域内最新科研成果，在计算机应用方面采用广联达造价软件的最新版本和定额库，这样更容易和市场接轨，有很强的实用性。

本书第一章由黑龙江生态工程职业学院耿丽丽老师编写，第二章、第三章由黑龙江农业工程职业学院李永静老师编写，第四章、第五章由黑龙江农业工程职业学院孙宇老师编写，第六章由东北林业大学园林学院刘晓东教授编写，第七章由李永静、耿丽丽和东北林业大学王金麟共同编写。本书用到了一些图纸和案例，均由各界朋友提供，在此表示衷心的感谢。

本书最后由东北农业大学闫永庆教授审稿。

由于时间仓促和编者水平有限，疏漏之处在所难免，敬请广大读者批评指正。

编者

2013 年 1 月

目　　录

第一章　园林工程预算概述

第一节　园林工程概述

园林工程是以市政工程原理为基础，以园林艺术理论为指导，研究造景技艺的一门课程。其研究的中心内容是如何在综合发挥园林的生态效益、社会效益和经济效益功能作用的前提下，处理园林中的工程设施与园林景观之间的矛盾。课程的研究范畴包括工程原理、工程设计、施工技术和养护管理。既包括工程学的知识，也包括有关生物学的知识，主要包括土方工程、假山工程、水景工程、铺地工程、绿化工程、给水排水工程、供电工程等。

一、园林工程的特征

园林工程的特点是以工程技术为手段，塑造园林艺术的形象。在园林工程中，如何运用新材料、新设备、新技术是当前研究的重大课题和主要方向。

1. 生命性特征

在园林工程中的绿化工程，所实施的对象大部分都是具有生命的活体。通过各种树木、彩叶地被植物、花卉、草皮的栽植与配置，利用各种苗木的特殊功能，来净化空气、吸尘降温、隔音杀菌、营造观光休闲与美化环境空间。植物是园林最基本的的要素，特别是在现代园林中植物所占比重越来越大，植物造景已成为造园的主要手段。为了保证园林植物的成活和生长，达到预期设计效果，栽植施工时就必须遵守一定的操作规程，养护中必须符合其生态要求，并要采取有力的管护措施。这就使得园林工程具有明显的生命性特征。

2. 艺术性特征

园林工程不单是一种工程，更是一种艺术，它是一门艺术工程，具有明显的艺术性特征。园林艺术涉及造型艺术、建筑艺术和绘画艺术、雕刻艺术、文学艺术等诸多艺术领域。园林工程产品不仅要按设计搞好工程设施和构筑物的建设，还要讲究园林植物配置手法、园林设施和构筑物的美观舒适以及整体空间的协调。这些都要求采用特殊的艺术处理才能实现，而这些要求得以实现都体现在园林工程的艺术性之中。

3. 安全性特征

园林工程中的设施多为人们直接使用，现代园林场所又多是人们活动密集的地段、点，这就要求园林设施应具足够的安全性。例如建筑物、驳岸、园桥、假山、石洞、索道等工程，必须严把质量关，保证结构合理、坚固耐用。同时，在绿化施工中也存在安全问题，例如大树移植注意地上电线、挖沟挑坑注意地下电缆，这些都表明园林工程施工不仅要注意施工安全，还要确保工程产品的安全耐用。

4. 时代性特征

园林工程是随着社会生产力的发展而发展的，在不同的社会时代条件下，总会形成与其时代相适应的园林工程产品，因而园林工程产品必然带有时代性特征。当今时代，随着人民生活水平的提高和人们对环境质量要求的不断提高，对城市的园林建设要求亦多样化，工程的规模和内容也越来越大，新技术、新材料、新科技、新时尚已深入到园林工程的各个领域，如以光、电、机、声为一体的大型音乐喷泉、新型的铺装材料、无土栽培、组织培养、液力喷植技术等新型施工方法的应用，形成了现代园林工程的又一显著特征。

5. 生物、工程、艺术的高度统一性特征

园林工程要求将园林生物、园林艺术与市政工程融为一体，以植物为主线，以艺驭术，以工程为陪衬，一举三得，并要求工程结构的功能和园林环境相协调，在艺术性的要求下实现三者的高度统一。同时园林工程建设的过程又具有实践性强的特点，要想变理想为现实、化平面为立体，建设者必须既要掌握工程的基本原理和技能，又要使工程园林化、艺术化。

二、园林工程的内容

一般园林工程可以划分为4个分部工程：园林绿化工程、堆砌假山及塑山工程、园路及园桥工程、园林小品工程。

园林绿化工程有21个分项工程：整理绿化及起挖乔木（带土球）、栽植乔木（带土球）、起挖乔木（裸根）、栽植乔木（裸根）、起挖灌木（带土球）、栽植灌木（带土球）、起挖灌木（裸根）、栽植灌木（裸根）、起挖竹类（散生竹）、栽植竹类（散生竹）、起挖竹类（丛生竹）、栽植竹类（丛生竹）、栽植绿篱、栽植露地花卉、草皮铺种、栽植水生植物、树木支撑、草绳绕树干、栽种攀缘植物、假植、人工换土。

堆砌假山及塑山工程有2个分项工程，即：堆砌石山、塑假石山。

园路及园桥工程有2个分项工程，即：园路及园桥。

园林小品工程有2个分项工程，即：堆塑装饰、小型设施。

如：某公园绿化栽植工程

建设项目是：某某公园

单项工程是：某某树木园

单位工程是：绿化工程

分部工程是：栽植苗木

分项工程是：栽植乔木（裸根、胸径6cm）

根据园林工程兴建的程序，园林工程包括土方工程、给水及排水工程、水景工程、园路工程、假山工程、种植工程、园林供电工程等七个部分。而中国园林为突出中华民族的传统民族风俗，以自然山水园中的山、水、石为重点，山中包含假山工程，而土方工程、给水及排水工程及园林供电工程与其他工程类相似，故本书以介绍假山工程、水景工程、园路工程和栽植工程的施工组织与管理为主要内容。

1. 假山工程

假山是中国传统园林的重要组成部分，以独具中华民族文化的艺术魅力，而在各类园林中得到了广泛的应用。通常所说的假山，包括假山和置石两部分内容。

假山是以造景、游览为主要目的，以自然山水为蓝本，经过艺术概括、提炼、夸张，以自然山石为主要材料，用人工再造的山景或山水景物的统称。假山的布局多种多样，体量大小不一，形式千姿百态。与置石相比假山具有体量大而集中，布局严谨，能充分利用空间，可观可游，令人有置身于自然山林之感。假山根据堆叠材料的不同分为石山、石山带土、土山带石三种类型。

置石是以具有一定观赏价值的自然山石，进行独立造景或作为配景布置，主要表现山石的个体美或局部组合美，而不具备完整山形的山石景物。比之假山置石体量较小，因而布置容易且灵活方便，置石多以观赏为主，而更多的是以满足一些特殊要求的某一具体功能方面的要求，而被广泛采用。置石依布置方式的不同可分为特置、对置、散置、群置等。

另外，还有近年流行的园林塑山，即采用石灰、砖、水泥等非石质材料经过人工塑造的假山。园林塑山又可分为塑山和塑石两类。园林塑山在岭南园林中发现较早，经过不断的发展与创新，已作为一种专门的假山工艺，不仅遍及广东，而且亦在全国各地开花结果。园林塑山根据其骨架材料的不同，又可分为两种：砖骨架塑山和钢筋龙骨骨架塑山，砖骨架即以砖作为塑山的骨架，适用于大型塑山。钢筋龙骨骨架即以钢筋龙骨作为塑山的骨架，其优点是形式变幻多样，适用于小型塑山。随着科技的不断创新与发展，会有更多、更新的材料和技术工艺应用于假山工程中，而形成更加现代化的园林假山产品。

2. 水景工程

水是万物之源，水体在园林造景中有着极为重要的作用。水景工程指园林工程中与水景相关工程的总称。所涉及的内容有水体类型、各种水体布置、驳岸、护坡、喷泉、瀑布等。

水无常态，其形态依自然条件而定，而形状可圆可方、可曲可直、可动可静，与特定的环境有关。这就为水景工程提供了广阔的应用前景，常见的园林水体多种多样，根据水体的形式可将其分为自然式、规则式或混合式三种，又可按其所处状态将其分为静态水体、动态水体和混合水体三种。

（1）静态水体

湖池属静态水体。湖面宽阔平静，具平远开朗之感。有天然湖和人工湖之分。天然湖是大自然施于人类的天然园林佳品，可在大型园林工程中充分利用。人工湖是人工依地势就低挖凿而成的水域，沿岸因境设景，可自成天然图画。人工湖形式多样，可由设计者任意发挥，一般面积较小，岸线变化丰富且具有装饰性，水较浅，以观赏为主，现代园林中的流线型抽象式水池更为活泼、生动，富于想象。

（2）动态水体

① 动态水体是水可流动性的充分利用，可以形成动态自然景观，补充园林中其他景观的静止、古板而形成流动变化的园林景观，给人以丰富的想象与思考，是现代园林艺术中常用的一种水体方式。常用的动态水体有溪涧、瀑布、跌水、喷泉等几种形式。溪涧是连续的带状动态水体。溪浅而阔，涧深而窄。平面上蜿蜒曲折，对比强烈，立面上有缓有陡，空间分隔又开合有序。整个带状游览空间层次分明，组合合理，富于节奏感。

② 瀑布属动态水体，以落水景观为主。有天然瀑布和人工瀑布之分，人工瀑布是以天然瀑布为蓝本，通过工程手段而修建的落水景观。瀑布一般由背景、上游水源、落水口、瀑身、承水潭和溪流五部分构成，瀑身是观赏的主体。

③ 跌水是指水流从高向低呈台阶状逐级跌落的动态水景。既是防止流水冲刷下游的重要工程设施，又是形成连续落水景观的手段。

④ 喷泉又称喷水，是由一定的压力使水喷出后形成各种喷水姿态，以形成升落结合的动水景观，即可观赏又能起装饰点缀园景的作用。喷泉有天然喷泉和人工喷泉之分。人工喷泉设计主体各异，喷头类型多样，水型丰富多彩。随着电子工业的发展，新技术新材料的广泛应用，喷泉已成为集喷水、音乐、灯光于一体的综合性水景之一，在城镇、单位、甚至私

家园林工程中被广泛应用。

园林中的各种水体需要有稳定、美观的岸线,因而在水体的边缘多修筑驳岸或进行护坡处理。驳岸是一面临水的挡土墙,是支持陆地和防止岸壁坍塌的人工构筑物。按照驳岸的造型形式可分为规则式、自然式和混合式三种。护坡是保护破面防止雨水径流冲刷及风浪拍击的一种水工措施。目前常见的有草皮护坡、灌木(含花木)护坡、铺石护坡。

3. 园路工程

园路是贯穿全园的交通网络,又是联系组织各个景区和景点的自然纽带,又可形成独特的风景线,因而成为组成园林风景的造景要素,能为游人提供活动和休息场所。因而园路除了担负交通、导游、组织空间、划分景区功能外,还具有造景作用。园路包括道路、广场、游憩场所等,多用硬质材料铺装。

园路一般由路基、路面和道牙(附属工程)三部分组成,常见园路类型有:

① 整体路面　包括水泥混凝土路面、沥青混凝土路面;

② 块料路面　包括砖铺地、冰纹路、乱石路、条石路、预制水泥混凝土方砖路、步石与汀步、台阶与蹬道等;

③ 碎料道路　包括花街铺地、卵石路、雕砖卵石路等。

4. 栽植工程

植物是绿化的主体,又是园林造景的主要要素。植物造景是造园的主要手段。因此,园林植物栽植自然成为园林绿化的基本工程。由于园林植物的品种繁多,习性差异较大,多数栽植场地立地条件较差,为了保证其成活和生长,达到设计效果,栽植时必须遵守一定的操作规程,才能保证工程质量。栽植工程分为种植、养护管理两部分。种植属短期施工工程,养护管理属长期、周期性工程。栽植施工工程一般分为现场准备、定点放线、起苗、苗木运输、苗木假植、挖坑、栽植和养护等。

第二节　园林工程预算概述

园林建设工程需要投入一定的人力、物力,经过工程施工创造出园林产品,如园林建筑、园林小品、园路、假山、绿化工程等。对于任何一项工程,都可以根据设计图纸在施工前确定工程所需要的人工、机械和材料的数量、规格和费用,预先计算出该项工程的全部造价。这正是园林工程预算所要研究的内容。园林工程预算涉及很多方面的知识,如阅读图纸、了解施工工序及技术、熟悉预算定额和材料价格、掌握工程量计算方法和取费标准等。

一、园林工程预算的范畴

1. 园林工程预算的一般概念

园林工程预算指在工程建设过程中,根据不同设计阶段的设计文件的具体内容和有关定额、指标及取费标准,预先计算和确定建设项目的全部工程费用的技术经济文件。

简言之:指对园林建设项目所需的人工、材料、机械等费用预先计算和确定的技术经济文件。

人们习惯上所称的"园林工程概预算":一方面是指对园林建设中的可能的消耗进行研究、预先计算、评估等工作;另一方面则是指对上述研究结果进行编辑、确认而形成的相关技术经济文件。

园林工程预算：园林工程预算是"园林建设经济"学的重要组成部分，属于经济管理学科，是研究如何根据相关诸因素，事先计算出园林建设所需投入等方法的专业学科。主要研究的内容包括如下几个方面。

① 影响园林工程预算的因素　影响园林工程预算的因素非常复杂，如工程特色、施工作业条件、施工技术力量条件、材料市场供应条件、工期要求等，对预算结果有直接影响；相关法规、文件，对园林工程预算的具体方法、程序等又均有相关的要求。因此，园林工程预算就涉及很多方面的知识，如识图、施工工序、施工技术、施工方法、施工组织管理；与预算有关的法律法规；与建园相关的建设用材料价格、人员工资、机械租赁费；相关的计算方法和取费标准等。

② 园林工程预算的方法　根据不同的目的，需要园林工程预算的方法不尽相同。我国现行的工程预算计价方法有"清单计价"和"定额计价"的方法（国际上多采用"清单计价"）。

对计算方法的研究主要包括：工程量计算、施工消耗（使用）量（指标）计算、价格计算、费用计算等。

③ 园林工程技术经济评价　主要是对规划设计方案的技术经济评价、对施工方案的技术经济评价等。

2. 广义的园林工程预算

就学术范围而言，园林建设投入应包括自然资源的投入与利用，历史、文化、景观资源的投入与利用以及社会生产力资源的投入与利用。

广义的园林工程预算应包括对园林建设所需的各种相关投入量或消耗量，进行预先计算，获得各种技术经济参数；并利用这些参数，从经济角度对各种投入的产出效益和综合效益等进行比较、评估、预测等的全部技术经济的系统权衡工作和由此确定的技术经济文件。因此，从广义上来说，又称其为"园林经济"。

3. 综述

园林建设，不可能用简单、统一的价格、投入量进行精确的计算，为了达到园林建设的目标，保证投资效益，园林建设需要根据园林建设项目的特点，对拟建园林的工程项目的各有关信息、资讯进行甄别、权衡处理，进而预先计算、确定工程项目所需的人工、材料、费用等技术经济参数。园林工程预算的主要工作内容包括事先计算工程投入、计算价格和确定技术经济指标等（在广义上，还包括对产出效益的预测）。中心目的是通过对建设的有关投入、产出效益进行权衡、比较，获得合理的工程投入量值或造价。主要包括以下内容。

（1）获得各种技术经济参数

① 计算工程投入　计算园林工程项目建设所需的人工（人员、工种、数量、工资）、材料（材料规格、数量、价格）、机械（机械种类、配套、台班、价格）等的用量。

② 计算价格　计算园林工程项目建设所需的相应费用价格。

（2）确定技术经济指标

对上述相关的计算结果，进行系统权衡，确定与之相关的技术经济指标，以便于园林建设的管理。主要包括以下内容。

① 人工　人员、工种、数量、工资等的消耗指标（劳动定额指标）的确定。

② 材料　材料规格、数量、价格等的消耗指标（材料定额）的确定。

③ 机械　机械种类、配套、台班、价格等的消耗指标（机械台班定额）的确定。

④ 价格　确定各项费用及综合费用指标。

（3）从经济角度对可能的效益进行预测

① 自然资源投入与利用。

② 历史、人文、景观资源的投入与利用。

③ 社会生产力资源的投入与利用。

④ 园林施工企业、园林建设市场的经济预测。

⑤ 园林建设单位、部门对园林产品的效益评测。

二、园林工程预算的分类

常见的园林工程概预算种类有以下几种。

1. 立项估算

用于项目可行性研究阶段。

2. 设计概算

设计预算是由设计单位在初步设计阶段，根据初步设计图纸，按照有关工程概算定额（或概算指标）、各项费用定额（或取费标准）等有关资料，预先计算和确定工程费用的文件。

3. 施工图预算

施工图预算指工程设计单位或工程建设单位，根据已批准的施工图纸，在既定的施工方案前提下，按照国家颁布的各项工程预算定额、单位估价表及各种费用标准等有关资料，对工程造价的预先计算和确定。

4. 施工预算

由施工单位内部编制的一种预算。

施工单位在施工前，在施工图预算的控制下，根据施工图计算工程量、施工定额、单位工程施工组织设计等资料，通过工料分析，预先计算和确定工程所需的人工、材料、机械台班消耗量及其相应费用。

5. 后期养护管理预算

根据园林绿化养护管理定额，对养护期内相关养护项目所需费用支出进行预算而编制的施工后期管理用的预算文件。

6. 竣工决算

分为施工单位竣工决算和建设单位竣工决算，是反映建设项目实际造价和投资效果的文件。竣工决算包括从筹建到竣工验收的全部建设费用。

7. 竣工后的决算

业内人士称的"园林工程概预算"：大体包括设计概算、施工图预算、竣工决算，又简称"三算"。

① 设计概算　概算是基础，由设计单位主编。

② 施工图预算　由设计单位或工程建设单位编制。

③ 竣工决算　由建设单位或施工单位编制。

三者关系：概算价值不得超过计划任务书的投资额，施工图预算和竣工决算不得超过概算价值。

三者都有独立的功能，在工程建设的不同阶段发挥各自的作用。

三、园林工程项目的划分

一个园林建设项目是由多个基本的分项工程构成的，为了便于对工程进行管理，使工程预算项目与预算定额中项目相一致，就必须对工程项目进行划分。一般可划分为以下几类。

1. 建设工程总项目

工程总项目是指在一个场地上或数个场地上，按照一个总体设计进行施工的各个工程项目的总和。如一个公园、一个游乐园、一个动物园等就是一个工程总项目。

2. 单项工程

单项工程是指在一个工程项目中，具有独立的设计文件，竣工后可以独立发挥生产能力或工程效益的工程。它是工程项目的组成部分，一个工程项目中可以有几个单项工程，也可以只有一个单项工程。如一个公园里的码头、水榭、餐厅等。

3. 单位工程

单位工程是指具有单列的设计文件，可以进行独立施工，但不能单独发挥作用的工程。它是单项工程的组成部分。如餐厅工程中的给排水工程、照明工程等。

4. 分部工程

分部工程一般是指按单位工程的各个部位或是按照使用不同的工种、材料和施工机械而划分的工程项目，它是单位工程的组成部分。如一般土建工程可划分为：土石方、砖石、混凝土及钢筋混凝土、木结构及装修、屋面等分部工程。

5. 分项工程

分项工程是指分部工程中按照不同的施工方法、不同的材料、不同的规格等因素而进一步划分的最基本的工程项目。

第三节　编制园林工程预算的作用及基本程序

一、编制园林工程预算的作用

从某种意义上说，园林产品属于艺术范畴，它不同于一般的工业、民用建筑，每项工程特色不同，风格各异，施工工艺要求不尽相同，而且项目零星、地点分散、工程量大小不一、工作面大、项目繁多、形式各异，同时还受气候影响。因此园林绿化产品不可能确定一个价格，必须根据设计图纸和技术经济指标，对园林工程事先从经济上加以计算。

1. 园林工程预算是园林建设程序的必要工作

园林建设工程，作为基本建设项目中的一个类别，其项目的实施，必须遵循建设程序。编制园林工程预算，是园林建设程序中的重要工作内容。园林工程预算书，是园林建设中重要的经济文件。具体如下。

（1）优选方案

园林工程预算是园林工程规划设计方案、施工方案等的技术经济评价的基础。

园林建设中规划设计或施工方案（施工组织计划、施工技术操作方案）的确定，通常要在多个方案中进行比较、选择。园林工程预算，一方面通过事先计算，获得各个方案的技术经济参数，作为方案比较的重要内容；另一方面可确定技术经济指标，作为进行方案比较的基础或前提。有关方面据此来优选方案。因此说，编制园林工程预算是园林建设管理中进行方案比较、评估、选择的基本的工作内容。

（2）园林建设管理的依据

园林工程预算书是园林建设过程中必不可少的技术经济文件。

在园林建设的不同建设阶段或相应的环节中，根据有关规定，一般有估算、概算、预算等经济技术文件；而在项目施工完成后又有结算；竣工后，则有决算（此即为业内所称之为的"园林工程预决算"；而估算、预算、后期养护管理预算等则通常被统称为"园林工程预算。"）。

2. 便于园林企业经济管理

园林预算是企业进行成本核算、定额管理等的重要参照依据。

企业参加市场经济运作，制定技术经济政策，参加投标（或接受委托），进行园林项目施工，制定项目生产计划，进行技术经济管理都必须进行园林预算的工作。

3. 制定技术政策的依据

技术政策是国家在一个时期对某个领域技术发展和经济建设进行宏观管理的重要依据。通过工程预算，事先计算出园林施工技术方案的经济效益，能对技术方案的采用、推广或者限制、修改提供具体的技术经济参数，相关管理部门可据此制定技术政策。

二、编制园林工程预算的基本程序

编制园林工程预算的一般步骤和顺序，概括起来是：熟悉并掌握预算定额的使用范围、具体内容、工程量计算规则和计算方法，应取费用项目、费用标准和计算公示；熟悉施工图及其文字说明；参加技术交底，解决施工图中的疑难问题；了解施工方案中的有关内容；确定并准备有关预算定额；确定分部工程项目；列出工程细目；计算工程量；套用预算定额；编制补充单价；计算合计和小计；进行工、料分析；计算应取费用；复核、计算单位工程总造价及单位造价；填写编制说明书并装订签章。

以上这些工作步骤，前几项可以看作是编制工程预算的准备工作，是编制工程预算的基础。只有准备工作做好了，有了可靠的基础，才能把工程预算编制好。否则，不是影响预算的质量，就是拖延编制预算的时间。因此，为了准确、及时地编制出工程预算，一定要做好上述每个步骤的工作，特别是各项准备工作。

具体编制程序如下。

1. 搜集各种编制依据资料

编制预算之前，要搜集齐下列资料：施工图设计图纸、施工组织设计、预算定额、施工管理费和各项取费定额、材料预算价格表、地方预决算资料、预算调价文件和地方有关技术经济资料等。

2. 熟悉施工图纸和施工说明书，参加技术交底，解决疑难问题

设计图纸和施工说明是编制工程预算的重要基础资料。它为选择套用定额子目、取定尺寸和计算各项工程量提供重要的依据，因此，在编制预算之前，必须对设计图纸和施工说明书进行全面细致的熟悉和审查，并要参加技术交底，共同解决施工图纸和施工图中的疑难问题，从而掌握及了解设计意图和工程全貌，以免在选用定额子目和工程量计算上发生错误。

3. 熟悉施工组织设计和了解现场情况

施工组织设计是由施工单位根据工程特点、施工现场的实际情况等各种有关条件编制的，它是编制预算的依据。所以，必须完全熟悉施工组织设计的全部内容，并深入现场了解现场实际情况是否与设计一致才能准确编制预算。

4. 学习并掌握好工程预算定额及其有关规定

为了提高工程预算的编制水平，正确地运用预算定额及其有关规定，必须熟悉现行预算定额的全部内容，了解和掌握定额子目的工程内容、施工方法、材料规格、质量要求、计量单位、工程量计算规则等，以便能熟练地查找和正确地应用。

5. 确定工程项目、计算工程量

工程项目的划分及工程量计算，必须根据设计图纸和施工说明书提供的工程构造、设计尺寸和做法要求，结合施工现场的施工条件，按照预算定额的项目划分，工程量的计算规则和计算单位的规定，对每个分项工程的工程量进行具体计算。它是工程预算编制工作中最繁重、细致的重要环节，工程量计算的正确与否直接影响预算的编制质量和速度。

(1) 确定工程项目

在熟悉施工图纸及施工组织设计的基础上要严格按定额的项目确定工程项目，为了防止丢项、漏项的现象发生，在编排项目时应首先将工程分为若干分部工程。如：基础工程、主体工程、门窗工程、园林建筑小品工程、水景工程、绿化工程等。

(2) 计算工程量

正确地计算工程量，对基本建设计划，统计施工作业计划工作，合理安排施工进度，组织劳动力和物资的供应都是不可缺少的，同时也是进行基本建设财务管理与会计核算的重要依据，所以工程量计算不单纯是技术计算工作，它对工程建设效益分析具有重要作用。

在计算工程量时应注意以下几点。

① 在根据施工图纸和预算定额确定工程项目的基础上，必须严格按照定额规定和工程量计算规则，以施工图所注位置与尺寸为依据进行计算，不能人为地加大或缩小构件尺寸。

② 计算单位必须与定额中的计算单位一致，才能准确地套用预算定额中的预算单价。

③ 取定的建筑尺寸和苗木规格要准确，而且要便于核对。

④ 计算底稿要整齐，数字清楚，数值要准确，切忌草率零乱，辨认不清。对数字精确度的要求，工程量算至小数点后两位，钢材、木材及使用贵重材料的项目可算至小数点后三位，余数四舍五入。

⑤ 要按照一定的计算顺序计算，为了便于计算和审核工程量，防止遗漏或重复计算，计算工程量时除了按照定额项目的顺序进行计算外，也可以采用先外后内或先横后竖等不同的计算顺序。

⑥ 利用基数，连续计算。有些"线"和"面"是计算许多分项工程的基数，在整个工程量计算中要反复多次地进行运算，在运算中找出共性因素，再根据预算定额分项工程量的有关规定，找出计算过程中各分项工程量的内在联系，就可以把繁琐工程进行简化，从而迅速准确地完成大量计算工作。

6. 编制工程预算书

(1) 确定单位预算价值

填写预算单位时要严格按照预算定额中的子目及有关规定进行，使用单价要正确，每一分项工程的定额编号，工程项目名称、规格、计量单位、单价均应与定额要求相符，要防止错套，以免影响预算的质量。

(2) 计算工程直接费

单位工程直接费是各个分部分项工程直接费的总和，分项工程直接费则是用分项工程量乘以预算定额工程预算单价而求得的。

（3）计算其他各项费用

单位工程直接费计算完毕，即可计算其他直接费、间接费、计划利润、税金等费用。

（4）计算工程预算总造价

汇总工程直接费、其他直接费、间接费、计划利润、税金等费用，最后即可求得工程预算总造价。

（5）校核

工程预算编制完毕后，应由相关人员对预算的各项内容进行逐项全面核对，消除差错，保证工程预算的准确性。

（6）编写"工程预算书的编制说明"，填写工程预算书的封面，装订成册。

编制说明一般包括以下内容。

① 工程概况　通常要写明工程编号、工程名称、建设规模等。

② 编制依据　编制预算时所采用的图纸名称、标准图集、材料做法以及设计变更文件；采用的预算定额、材料预算价格及各种费用定额等资料。

③ 其他有关说明　是指在预算表中无法表示且需要用文字做补充说明的内容。

工程预算书封面通常需填写的内容有：工程编号、工程名称、建设单位名称、施工单位名称、建设规模、工程预算造价、编制单位及日期等。

7. 工料分析

工料分析是在编写预算时，根据分部、分项工程项目的数量和相应定额中的项目所列的用工及用料的数量，算出各工程项目所需的人工及用料数量，然后进行统计汇总，计算出整个工程的工料所需数量。

8. 复核、签章及审批

工程预算编制出来以后，由本企业的有关人员对所编制预算的主要内容及计算情况进行一次全面的核查核对，以便及时发现可能出现的差错并及时进行纠正，提高工程预算的准确性，审核无误后并按规定上报，经上级机关批准后再送交建设单位和建设银行进行审批。

第二章　园林工程预算定额

第一节　概　述

一、工程定额的概念

在园林工程施工生产过程中，为完成某项工程某项结构构件，都必须消耗一定数量的劳动力、材料和机具。在社会平均的生产条件下，用科学的方法和实践经验相结合，制定为生产质量合格的单位工程产品所必需的人工、材料、机械、资金消耗的数量标准，就称为工程定额。这种额度反映的是在一定的社会生产力发展水平的条件下，完成园林工程建设中的某项产品与各种生产消费之间的特定的数量关系，体现在正常施工条件下人工、材料、机械等消耗的社会平均合理水平。工程定额除了规定有数量标准外，也要规定出它的工作内容、质量标准、生产方法、安全要求和适用的范围等。我们对各种工程进行计价，就是以各种定额为依据。随着社会市场经济的发展，定额由政府指令性的职能逐步改变成指导性功能，现在定额的名称多称为"计价依据"或"综合基价"。

二、工程定额的性质

1. 科学性

工程建设定额的科学性，第一表现在用科学的态度制定定额，充分考虑客观的施工生产和管理等方面的条件，尊重客观事实，力求定额水平合理。第二表现在定额的内容、范围、体系和水平上，要适应社会生产力的发展水平，反映出工程建设中的生产消费、价值等客观经济规律。第三表现在制定定额的基本方法、手段上，充分利用了现代管理科学的理论，通过严密的测定、分析，形成一套系统、完整、在实践中行之有效的方法。第四表现在定额的制定、颁布、执行、控制、调整等管理环节上，制定为执行和控制提供依据，而执行和控制为实现定额的目标提供组织保证，为定额的制定提供各种反馈信息。

2. 系统性

工程建设定额是相对独立的系统，它是由多种定额结合而成的有机整体。它的结构复杂，有鲜明的层次，有明确的目标。

工程建设定额的系统性是由工程建设的特点决定的。工程建设是庞大的实体系统，从整个国民经济来看，进行固定资产生产和再生产的工程建设，是一个有多项工程集合的整体。其中包括农林水利、轻纺、煤炭、电力、石油、冶金、化工、建材工业、交通运输、邮电工程，以及商业物资、文教卫生体育、住宅工程等。工程建设定额是为这个实体系统服务的，工程建设本身的多种类、多层次就决定了以它为服务对象的工程建设定额的多种类、多层次。

3. 法令性与权威性

我国的各类定额都是国家建筑行政主管部门或其授权部门遵循一定科学程序组织编制和颁发的，是在一定范围内有效地统一施工生产的消费指标。它同工程建设中的其他规范、规程一样具有法的性质，具有很大权威性，反映统一的意志和统一的要求。因此，任何单位都必须严格遵照执行，不得随意改变定额的内容和水平，如需进行调整、修改和补充，必须经定额主管部门批准。只有这样，才能维护定额的权威性，发挥定额在工程建设管理中的作用。

4. 稳定性与时效性

工程建设定额水平是一定时期技术发展和社会生产力水平的反映，在一段时间里，定额水平是相对稳定的。保持定额的相对稳定性是维护定额的权威性和有效贯彻执行定额所必需的。如果定额处于经常修改变动的状态，势必造成执行中的困难和混乱，使人们对定额的科学性、先进合理性和权威性产生怀疑，不认真对待定额，很容易导致定额权威性的丧失。工程定额的不稳定也会给定额的编制工作带来极大的困难。

工程建设定额的稳定性是相对的。当生产力向前发展了，定额会与已经发展的生产力不相适应。这样，它原有的作用就会逐步减弱以至消失，需要重新编制或修订，以保持定额水平的先进合理性。

5. 地域性

我国幅员辽阔，地域复杂，各地的自然资源条件和社会经济条件差异悬殊，因而必须采用不同的定额。

三、园林工程定额的分类

在园林工程建设过程中，由于使用对象和目的不同，园林工程定额的分类方法很多。一般情况下，根据内容、用途和使用范围的不同，可将其分为以下几类（图 2-1）。

1. 按定额反映的生产要素分类

(1) 劳动消耗定额

劳动消耗定额简称劳动定额，是指在合理的劳动组合条件下，工人以社会平均熟练程度和劳动强度在单位时间内生产合格产品的数量。劳动定额大多采用工作时间消耗量来计算劳动消耗的数量。所以劳动定额主要表现形式是时间定额和产量定额，时间定额和产量定额互为倒数。

(2) 材料消耗定额

材料消耗定额是指在合理的施工条件下，生产质量合格的单位产品，所必须消耗的材料数量标准。包括净用在产品中的数量，也包括在施工过程中发生的合理的损耗量。

(3) 机械台班使用定额

机械台班使用定额是指在合理的人机组合条件下，完成一定合格产品所规定的施工机械消耗的数量标准。机械消耗定额的主要表现形式是机械时间定额，也以产量定额表现。

劳动定额、材料消耗定额和机械台班使用定额的制定应能最大限度地反映社会平均必须消耗的水平，它是制定各种实用性定额的基础，因此也称为基础定额。

2. 按编制程序和用途分类

按编制程序和用途可分为五种：工序定额、施工定额、预算定额、概算定额及概算指标等五种。

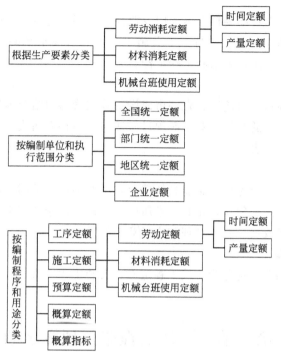

图 2-1 定额的不同分类

（1）工序定额

工序定额是以最基本的施工过程为标定对象，表示其产品数量与时间消耗关系的定额。工序定额比较细，一般主要在制定施工定额时作为原始资料。

（2）施工定额

施工定额主要用于编制施工预算，是施工企业管理基础。施工定额由劳动定额、材料消耗定额和机械台班使用定额三部分组成。

（3）预算定额

预算定额主要用于编制施工图预算，是确定一定计量单位的分项工程或结构构件的人工、材料、机械台班耗用量及其资金消耗的数量标准。

（4）概算定额

概算定额即扩大结构定额，主要用于编制设计概算，是确定一定计量单位的扩大分项工程或结构构件的人工、材料、机械台班耗用量及其资金消耗的数量标准。

（5）概算指标

概算指标主要用于投资估算或编制设计概算，是以每个建筑物或构筑物为对象，规定人工、材料、机械台班耗用量及其资金消耗的数量标准。

3. 按编制单位和执行范围分类

按编制单位和执行范围分类时，可分为全国统一定额、部门统一定额、地区统一定额及企业定额。

（1）全国统一定额

全国统一定额由国家建设行政主管部门组织制定、颁发的定额，不分地区，全国适用。

（2）部门统一定额

部门统一定额由中央各部委根据本部门专业性质不同的特点，参照全国统一定额的制定水平，编制出适合本部门工程技术特点以及施工生产和管理水平的一种定额，称为部门定额。在其行业内，全国通用，如水利工程定额。

（3）地区统一定额

地区统一定额由各省、自治区、直辖市建设行政主管部门结合本地区经济发展水平和特点，在全国统一定额水平的基础上对定额项目做适当调整补充而成的一种定额，在本地区范围内执行。也称单位估价表。

（4）企业定额

企业定额是由施工企业考虑本企业具体情况，参照国家、部门或地区定额水平制定的定额。企业定额只在企业内部使用，是企业素质的一个标志。企业定额一般应高于国家现行定额，才能满足生产技术发展、企业管理和市场竞争的需要。

4. 按专业不同分类

按专业性质不同划分，可分为建筑工程定额、安装工程定额、装饰装修工程定额、市政及园林绿化工程定额等。

第二节　园林工程施工预算定额

一、预算定额概念

预算定额是规定消耗在单位工程基本结构要素上的劳动力、材料和机械数量上的标准，是计算建筑安装产品价格的基础。预算定额属于计价定额。预算定额是工程建设中一项重要的技术经济指标，反映了在完成单位分项工程消耗的活劳动和物化劳动的数量限制。这种限度最终决定着单项工程和单位工程的成本和造价。预算定额是建筑工程预算定额和安装工程预算定额的总称，是计算和确定一个规定计量单位的分项工程或结构构件的人工、材料和施工机械台班消耗的数量标准。

编制施工图预算时，需要按照施工图纸和工程量计算规则计算工程量，还需要借助于某些可靠的参数计算人工、材料和机械（台班）的消耗量，并在此基础上计算出资金的需要量，计算出建筑安装工程的价格。在我国，现行的工程建设概算、预算制度，规定了通过编制概算和预算确定造价。概算定额、概算指标、预算定额等则为计算人工、材料、机械（台班）的耗用量、提供统一的可靠的参数。同时，现行制度还赋予了概算、预算定额和费用定额以相应的权威性。这些定额和指标成为建设单位和施工企业之间建立经济关系的重要基础。

二、预算定额的编制原则

1. 社会平均水平原则

预算定额理应遵循价值规律的要求，按生产该产品的社会平均必要劳动时间来确定其价值。也就是说，在正常的施工条件下，以平均的劳动强度、平均的技术熟练程度，在平均的技术装备条件下，完成单位合格产品所需的劳动消耗量就是预算定额的消耗水平。

2. 简明适用的原则

预算定额要在适用的基础上再力求简明。

3. 坚持统一性和因地制宜的原则

依据国家的方针政策和经济发展要求，统一制定编制方案，但由于各地的经济发展不平衡，适当地进行调整，颁发补充性的条例规定。

4. 专家编审责任制原则

编制定额应以专家为主，这是实践经验的总结，编制要有一支经验丰富、技术和管理知识全面，有一定政策水平的、稳定的专家队伍。通过他们的辛勤工作才能积累经验，保证编制定额的准确性。

5. 与公路建设相适应的原则

编制定额应与相应的公路建设要求相呼应。

6. 贯彻国家政策、法规的原则

编制定额的过程中，应考虑国家的经济宏观调整政策，地方性法规，促进经济的发展。

三、预算定额的种类

1. 按专业性质分

预算定额，有建筑工程定额和安装工程定额两大类。建筑工程预算按适用对象又分为建筑工程预算定额、水利建筑工程预算定额、市政工程预算定额、铁路工程预算定额、公路工程预算定额、土地开发整理项目预算定额、通信建设工程费用定额、房屋修缮工程预算定额、矿山井巷预算定额等。安装工程预算定额按适用对象又分为电气设备安装工程预算定额、机械设备安装工程预算定额、通信设备安装工程预算定额、化学工业设备安装工程预算定额、工业管道安装工程预算定额、工艺金属结构安装工程预算定额、热力设备安装工程预算定额等。

2. 从管理权限和执行范围分

预算定额可分为全国统一定额、行业统一定额和地区统一定额等。全国统一定额由国务院建设行政主管部门组织制定发布；行业统一定额由国务院行业主管部门制定发布；地区统一定额由省、自治区、直辖市建设行政主管部门制定发布。

3. 预算定额按物资要素区分

劳动定额、材料消耗定额和机械定额，但它们互相依存形成一个整体，作为预算定额的组成部分，各自不具有独立性。

四、预算定额的作用

1. 预算定额是编制施工图预算、确定和控制建筑安装工程造价的基础

施工图预算是施工图设计文件之一，是控制和确定建筑安装工程造价的必要手段。编制施工图预算，除设计文件决定的建设工程的功能、规模、尺寸和文字说明是计算分部分项工程量和结构构件数量的依据外，预算定额是确定一定计量单位工程人工、材料、机械消耗量的依据，也是计算分项工程单价的基础。

2. 预算定额是对设计方案进行技术经济比较、技术经济分析的依据

设计方案在设计工作中居于中心地位。设计方案的选择要满足功能、符合设计规范，既要技术先进又要经济合理。根据预算定额对方案进行技术经济分析和比较，是选择经济合理设计方案的重要方法。对设计方案进行比较，主要是通过定额对不同方案所需人工、材料和机械台班消耗量等进行比较。这种比较可以判明不同方案对工程造价的影响。对于新结构、新材料的应用和推广，也需要借助于预算定额进行技术分项和比较，从技术与经济的结合上考虑普遍采用的可能性和效益。

3. 预算定额是施工企业进行经济活动分项的参考依据

实行经济核算的根本目的，是用经济的方法促使企业在保证质量和工期的条件下，用较少的劳动消耗取得预定的经济效果。在目前，我国的预算定额仍决定着企业的收入，企业必须以预算定额作为评价企业工作的重要标准。企业可根据预算定额，对施工中的劳动、材料、机械的消耗情况进行具体的分析，以便找出低工效、高消耗的薄弱环节及其原因。为实现经济效益的增长由粗放型向集约型转变，提供对比数据，促进企业在市场上的竞争的能力。

4. 预算定额是编制标底、投标报价的基础

在深化改革中，在市场经济体制下，预算定额作为编制标底的依据和施工企业报价的基础的作用仍将存在，这是由于它本身的科学性和权威性决定的。

5. 预算定额是编制概算定额和估算指标的基础

概算定额和估算指标是在预算定额基础上经综合扩大编制的，也需要利用预算定额作为编制依据，这样做不但可以节省编制工作中的人力、物力和时间，收到事半功倍的效果，还可以使概算定额和概算指标在水平上与预算定额一致，以避免造成执行中的不一致。

五、预算定额的内容

预算定额手册由文字说明、定额项目表和附录三部分内容所组成（图 2-2）。

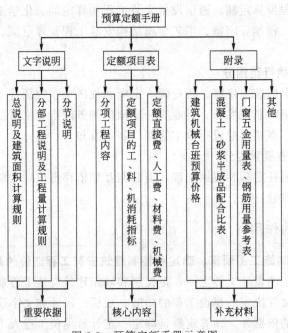

图 2-2　预算定额手册示意图

1. 文字说明

(1) 总说明

在总说明中，主要阐述了定额的编制原则、指导思想、编制依据、适用范围，同时说明了编制定额时已经考虑和没有考虑的因素、使用方法及有关规定等。因此，使用定额前应首先了解和掌握总说明。

（2）分部分项工程说明

分部工程说明在预算定额手册中称为"章"，是将单位工程中结构性质相近、材料相同的施工对象结合在一起。如黑龙江省现行定额建筑工程预算定额分为 20 个分部工程（章），即土石方工程、桩基础工程、砖石工程、脚手架工程、混凝土及钢筋混凝土工程等。分部工程说明主要阐述了分部工程定额所包括的主要的分项工程及使用定额的一些基本规定，并阐述该分部工程中各分项工程的工程量计算规则和方法等。

（3）分节说明

分节说明主要阐述定额项目包括的主要工序。如黑龙江省现行预算定额栽植乔木（带土球）的工程内容包括：挖坑、栽植（落坑、扶正、回土、捣实、筑水围）、浇水、覆土、保墒、整形、清理等。

上述文字说明是预算定额正确使用的重要依据和原则，应用前必须仔细阅读，不然就会造成错套、漏套及重套定额。

2. 定额项目表

定额项目表列出每一单位分项工程中人工、材料、机械台班消耗量及相应的各项费用，是预算定额手册的核心内容。定额项目表由分项工程内容，定额计量单位，定额编号，项目预算单价，人工费、材料费、机械费及相应的消耗量，附注等组成。

3. 附录

附录列在定额手册的最后，其主要内容有建筑机械台班费用定额及说明，混凝土、砂浆配合比表，材料名称，规格表，定额材料、成品、半成品损耗率表等。附录内容主要作为定额换算和编制补充预算定额之用，是定额应用的重要补充资料。

六、预算定额项目的编制形式

预算定额手册根据园林结构及施工程序等，按照章、节、项目、子目等顺序排列。

分部工程为章，它是将单位工程中某些性质相近、材料大致相同的施工对象归纳在一起。如全国 1989 年仿古建筑及园林工程预算定额（第一册通用项目）共分六章，即第一章土石方、打桩、围堰，基础垫层工程；第二章砌筑工程；第三章混凝土及钢筋混凝土工程；第四章木作工程；第五章楼地面工程；第六章抹灰工程。

"章"以下，又按工程性质、工程内容及施工方法、使用材料、分成许多节。如黑龙江省园林绿化工程计价定额（2010 年），共分三章：第一章"绿化工程"、第二章"园路、园桥、假山工程"、第三章"园林景观工程"。"节"以下，再按工程性质、规格、材料类别等分成若干项目。在项目中，还可以按结构的规格再细分出许多子目。

为了查阅使用定额方便，定额的章、节、子目都应有统一的编号。章号用中文一、二、三等，或用罗马文 Ⅰ、Ⅱ、Ⅲ 等，节号、子目号一般用阿拉伯数字 1、2、3 等表示。

定额编号通常有三种形式。

（1）三个符号定额项目编号法

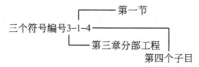

（2）两个符号定额项目编号法

（3）阿拉伯数字连写的定额项目编号法

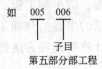

第三节 园林工程概算

一、概算定额

1. 概算定额的概念

概算定额，是在预算定额的基础上，确定完成合格的单位扩大分项工程或单位扩大结构构件所需消耗的人工、材料和机械台班的数量标准限额，所以概算定额又称作"扩大结构定额"或"综合预算定额"。

概算定额是设计单位在初步设计阶段或扩大初步设计阶段确定工程造价，编制设计概算的依据。

概算定额是预算定额的合并与扩大。它将预算定额中有联系的若干个分项工程项目综合为一个概算定额项目。如砖基础概算定额项目，就是以砖基础为主，综合了平整场地、挖地槽、铺设垫层、砌砖基础、铺设防潮层、回填土及运土等预算定额中的分项工程项目。又如砖墙定额，就是以砖墙为主，综合了砌砖、钢筋混凝土过梁制作、运输、安装、勒脚、内外墙抹灰、内墙面刷白等预算定额的分项工程项目。

2. 概算定额的作用

① 是初步设计阶段编制概算、扩大初步设计阶段编制修正概算的主要依据；

② 是对设计项目进行技术经济分析比较的基础资料之一；

③ 是建设工程主要材料计划编制的依据；

④ 是编制概算指标的依据；

⑤ 是控制施工图预算的依据；

⑥ 是工程结束后，进行竣工决算的依据，主要是分析概预算执行情况，考核投资效益。

3. 概算定额手册的内容

概算定额手册的内容基本上是由文字说明、定额项目表和附录三部分组成。

（1）文字说明部分

文字说明部分有总说明和分章说明。在总说明中，主要有阐述概算定额的编制依据、原则、目的和作用，包括内容、使用范围、应注意的事项等。分章说明简要阐述本章包括的工作内容、工程量计算规则、注意事项等。

（2）定额项目表

① 定额项目的划分 概算定额项目一般按以下两种方法划分。

a. 按工程结构划分：一般是按土石方、基础、墙、梁板柱、门窗、楼地面装饰、构筑物等工程结构划分。

b. 按工程部位（分部）划分：一般是按基础、墙体、梁柱、楼地面、屋盖、其他工程部位等划分，如基础工程中包括了砖、石、混凝土基础等项目。

② 定额项目表　定额项目表是概算定额手册的主要内容，由若干分节定额组成。各节定额由工程内容、定额表及附注说明组成。定额表中列有定额编号、计量单位、概算价格、人工、材料、机械台班消耗量指标，综合了预算定额的若干项目与数量。

(3) 附录

主要是一些相关的补充性文件介绍。

二、概算指标

1. 概算指标的概念

概算指标通常以整个建筑物或构筑物为对象，以建筑面积、体积或成套设备装置的台或组为计量单位而规定的人工、材料、机械台班的消耗量标准和造价指标。

从上述概念中可以看出，建筑安装工程概算定额与概算指标的主要区别如下。

① 确定各种消耗量指标的对象不同　概算定额是以单位扩大分项工程或单位扩大结构构件为对象，而概算指标则是以整个建筑物（如 $100m^2$ 或 $1000m^3$ 建筑物）和构筑物为对象。因此，概算指标比概算定额更加综合与扩大。

② 确定各种消耗量指标的依据不同　概算定额以现行预算定额为基础，通过计算之后才综合确定出各种消耗量指标，而概算指标中各种消耗量指标的确定，则主要来自各种预算或结算资料。

2. 概算指标的表现形式

概算指标的表现形式分为综合概算指标和单项概算指标两种。

① 综合概算指标　综合概算指标是指按工业或民用建筑及其结构类型而制定的概算指标。综合概算指标的概括性较大，其准确性、针对性不如单项指标。

② 单项概算指标　单项概算指标是指为某种建筑物或构筑物而编制的概算指标。单项概算指标的针对性较强，故指标中对工程结构形式要作介绍。只要工程项目的结构形式及工程内容与单项指标中的工程概况相吻合，编制出的设计概算就比较准确。

3. 概算指标的应用

概算指标的应用比概算定额具有更大的灵活性，由于它是一种综合性很强的指标，不可能与拟建工程的建筑特征、结构特征、自然条件、施工条件完全一致。因此，在选用概算指标时要十分慎重，选用的指标与设计对象在各个方面应尽量一致或接近，不一致的地方要进行换算，以提高准确性。

(1) 概算指标的直接套用

设计对象的结构特征与概算指标一致时，可以直接套用。直接套用时应注意：拟建工程的建设地点与概算指标中的工程地点在同一地区，拟建工程的外形特征和结构特征与概算指标中工程的外形特征、结构特征应基本相同，拟建工程的建筑面积、层数与概算指标中工程的建筑面积、层数相差不大。

(2) 概算指标的调整

用概算指标编制工程概算时，往往不容易选到与概算指标中工程结构特征完全相同的概算指标，实际工程与概算指标的内容存在着一定的差异。在这种情况下，需对概算指标进行调整，调整的方法如下。

① 每 $100m^2$ 造价调整　调整的思路如同定额换算，即从原每 $100m^2$ 概算造价中，减去

每 $100m^2$ 建筑面积需换出结构构件的价值，加上每 $100m^2$ 建筑面积需换入结构构件的价值，即得 $100m^2$ 修正造价调整指标，再将每 $100m^2$ 造价调整指标乘以设计对象的建筑面积，即得出拟建工程的概算造价。

计算公式为：

每 $100m^2$ 建筑面积造价调整指标＝所选指标造价－每 $100m^2$ 换出结构构件的价值＋每 $100m^2$ 换入结构构件的价值

式中：换出结构构件的价值＝原指标中结构构件工程量×地区概算定额基价

换入结构构件的价值＝拟建工程中结构构件的工程量×地区概算定额基价

例 1 某拟建工程，建筑面积为 $3580m^2$，按图算出一砖外墙为 $646.97m^2$，木窗 $613.72m^2$，所选定的概算指标中，每 $100m^2$ 建筑面积有一砖半外墙 $25.71m^2$，钢窗 $15.50m^2$，每 $100m^2$ 概算造价为 29767 元，试求调整后每 $100m^2$ 概算造价及拟建工程的概算造价。

解： 概算指标调整详见表 2-1，则每 $100m^2$ 建筑面积调整概算造价＝29767＋2272－3392＝28647 元，拟建工程的概算造价为：35.8×29647＝1025562 元。

表 2-1 概算指标调整计算表

序号	概算定额编号	构件	单位	数量	单价	复价	备注
	换入部分						
1	2-78	一砖外墙	m^2	18.07	88.31	1596	$\frac{646.97}{35.8}=18.07$
2	4-68	木窗	m^2	17.14	39.45	676	$\frac{613.72}{35.8}=17.14$
	小计					2272	
	换出部分						
3	2-78	一砖半外墙	m^2	25.71	87.20	2242	
4	4-90	钢窗	m^2	15.5	74.20	1150	
	小计					3392	

② 每 $100m^2$ 中工料数量的调整 调整的思路是从所选定指标的工料消耗量中，换出与拟建工程不同的结构构件的工料消耗量，换入所需结构构件的工料消耗量。

关于换出换入的工料数量，是根据换出换入结构构件的工程量乘以相应的概算定额中工料消耗指标得到的。根据调整后的工料消耗量和地区材料预算价格、人工工资标准、机械台班预算单价，计算每 $100m^2$ 的概算基价，然后依据有关取费规定，计算每 $100m^2$ 的概算造价。

这种方法主要适用于不同地区的同类工程编制概算。用概算指标编制工程概算，工程量的计算工作很小，也节省了大量的定额套用和工料分析工作，因此比用概算定额编制工程概算的速度要快，但是准确性差一些。

第四节 园林工程预算定额的使用要求

一、预算定额的具体应用

1. 预算定额的直接套用

施工图纸的分部分项工程内容，与所套用的相应定额项目内容一致时，则按定额的规定，直接套用定额。具体步骤：根据施工图纸设计的分部分项工程内容，从定额目录中找出该分部分项工程所在定额中的页数；判断分项工程名称、规格、计量单位等内容与定额规定的名称、规格、计量单位等内容是否完全一致；定额单价的套用。

例 2 某公园值班室现浇 C_{20} 毛石混凝土带型基础 $12.7m^3$，试计算完成该分项工程的直接费及主要材料消耗量。

解： ① 确定定额编号：4-1。

② 计算分项工程直接费：

分项工程直接费＝预算价格×工程量＝2438.99/10×12.7＝3097.52 元

③ 计算主要材料消耗量：

材料消耗量＝定额规定的耗用量×工程量

水泥 $32.5MPa$＝2588.741×12.7＝32877.01kg

中砂＝3.884×12.7＝49.327m^3

碎石 $40mm$＝6.766×12.7＝86.055m^3

毛石＝2.72×12.7＝34.544m^3

塑料薄膜＝0.30×12.7＝3.81kg

2. 预算定额的换算

（1）定额换算的原因

当施工图纸的设计要求与定额项目的内容不相一致时，为了能计算出设计要求项目的直接费及工料消耗量，必须对定额项目与设计要求之间的差异进行调整。这种使定额项目的内容适应设计要求的差异调整是产生定额换算的原因。

（2）定额换算的依据

预算定额具有法令性，为了保持预算定额的水平不改变，在说明中规定了若干条定额换算的条件，因此，在定额换算时必须执行这些规定才能避免人为改变定额水平的不合理现象。从定额水平保持不变的角度来解释，定额换算实际上是预算定额的进一步扩展与延伸。

（3）预算定额换算的内容

定额换算涉及人工费和材料费的换算，特别是园林苗木等材料费及材料消耗量的换算占定额换算相当大的比重。人工费的换算主要是由用工量的增减而引起的，材料费的换算则是由材料耗用量的改变及材料代换而引起的。

（4）预算定额换算的一般规定

常用的定额换算规定有以下几个方面。

① 砼及砂浆的强度等级在设计要求与定额不同时，按附录中半成品配合比进行换算。

② 定额中规定的抹灰厚度不得调整。如设计规定的砂浆种类或配合比与定额不同时，可以换算，但定额人工、机械不变。

③ 木楼地楞定额是按中距40cm，断面5cm×18cm，每100m^2 木地板的楞木313.3m计算的，如设计规定与定额不同时，楞木料可以换算，其他不变。

④ 定额中木地板厚度是按 2.5cm 毛料计算的，如设计规定与定额不同时，可按比例换算，其他不变。

⑤ 定额分部说明中的各种系数及工料增减换算。

（5）预算定额换算的几种类型

① 砂浆的换算；

② 砼的换算；

③ 木材材积的换算；

④ 系数换算；

⑤ 运距换算；

⑥ 厚度换算；

⑦ 断面换算。

3. 预算定额的换算方法

(1) 砼的换算

构件砼的换算（砼强度和石子品种的换算）：这类换算的特点是：砼的用量不发生变化，只换算强度或石子品种。其换算公式为：

$$换算价格＝原定额价格＋定额砼用量×（换入砼单价－换出砼单价）$$

例 3 某工程构造梁，设计要求为 C25 钢筋砼现浇，试确定构造梁的单价。

解： ① 确定换算定额编号 4-59（塑性砼 C20）

其单价为 3039.60 元/$10m^3$，砼定额用量 16.13m^3/$10m^3$

② 确定换入、换出砼的单价（塑性砼）

查定额表附录二：

C25 砼单价 225.23 元/m^3（425♯水泥）

C20 砼单价 206.72 元/m^3（425♯水泥）

③ 计算换算单价

4-59 换 3039.60＋16.13×（225.23－206.72）＝3338.17 元/$10m^3$

④ 换算小结

A. 先选择换算定额编号及其单价，确定砼品种及其骨料粒径，水泥标号。

B. 根据确定的砼品种（塑性砼还是低流动性砼、石子粒径、砼强度），从附录中查换出、换入砼的单价。

C. 计算换算价格。

D. 确定换入砼品种须考虑下列因素：

a. 是塑性砼还是低流动性砼；

b. 根据规范要求确定砼中石子的最大粒径；

c. 根据设计要求，确定采用砾石、碎石及砼的强度。

(2) 砂浆的换算

定额规定允许换算的条件：因砂浆标号不同引起定额单价变动的砌筑砂浆或抹灰砂浆，必须进行换算。

$$换算后定额基价＝换算前定额基价＋定额砂浆用量×（换入砂浆单价－换出砂浆单价）$$

例 4 某工程空花墙，设计要求用黏土砖，M7.5 混合砂浆砌筑，试计算该分项工程预算价格。

解： ① 确定换算定额的编号；3-113（M5 混合砂浆）

价格为：2210.14 元/$10m^3$

砂浆用量为：18.75m^3/$10m^3$（425♯水泥）

② 确定换入换出砂浆的单价：

查定额表附录二：

M7.5 混合砂浆单价 161.43 元/m³（中砂）；

M5 混合砂浆单价 145.78 元/m³（中砂）

③ 计算换算单价：

3-113 换＝2210.14＋18.75×（161.43－145.78）＝2503.58 元/10m³

（3）系数换算

系数换算是按定额说明中规定的系数乘以相应定额的基价（或定额中工料之一部分）后，得到一个新单价的换算。

例 5 某工程平基土方，施工组织设计规定为机械开挖，在机械不能施工的死角有湿土 121m² 需人工开挖，试计算完成该分项工程的直接费。

解： 根据土石方分部说明，得知人工挖湿土时，按相应定额项目乘以系数 1.18 计算，机械不能施工的土石方，按相应人工挖土方定额乘以系数 1.5。

① 确定换算定额编号及单价

定额编号 1-1，单价 166.95 元/100m²

② 计算换算单价

1-1 换＝166.95×1.18×1.5＝295.50 元/100m²

③ 计算完成该分项工程的直接费

295.50×1.21＝357.56 元

（4）运距换算

在定额中，由于受到篇幅的限制，对各种项目的运输定额，一般分为基本定额和增加定额，即超过最大运距时另行计算。

例 6 人工运土方 1000m³，运距 80m，计算定额直接工程费。

解： ① 套定额 4-48 人工运土方，运距 20m 以内定额基价 6.5 元/m³。

② 套定额 4-49，每增加 20m 定额基价为 0.8 元/m³，（80－20）/20＝3，即增加 60m 定额基价为

0.8×3＝2.4 元/m³

③ 定额基价为

6.5＋2.4＝8.9 元/m³

④ 直接工程费合计

100×8.9＝890 元

（5）断面换算

在预算定额中，木结构的构件断面，是根据不同设计标准，通过综合加权计算确定的，在编制工程预算过程中，设计断面与定额断面不符时，按定额规定进行换算。

例 7 古式木短窗扇，万字式，设计边挺断面为 6cm×8cm，计算定额基价。

解： ① 设计边挺断面 6cm×8cm 为净料，加刨光损耗，毛料断面为 6.5cm×8.5cm

② 窗扇边挺定额毛料规格为 5.5cm×7.5cm，定额边挺毛料用量为 0.2564m³/10m²

③ 截面积换算公式：

定额杉枋材增减量＝（设计截面积/定额截面积－1）×定额边挺毛料用量，即枋材增加量

$$＝（6.5×8.5÷5.5×7.5－1）×0.2564＝0.087m³/10m²$$

④ 套定额 8-222，基价＝4056＋0.087×1139＝4155 元/10m²

二、预算定额应用中的其他问题

1. 预应力钢筋的人工时效费

预算定额一般未考虑预应力钢筋的人工时效费，如设计要求进行人工时效者，应按分部说明的规定，单独进行人工时效费调整。

2. 钢筋的量差及价差调整

（1）钢筋量差调整

因为各种钢筋砼构件所承受的荷载不同，因而其钢筋用量也不会相同。但编制定额时，不可能反映每一个具体钢筋砼构件的钢筋耗用量，而只能综合确定出一个含钢量。这个含钢量表示定额中的钢筋耗用量。在编制施工图预算对，每个工程的实际钢筋用量与按定额含钢量分析计算的钢筋量不相等。因此，在编制施工图预算时，必须对钢筋进行量差调整。定额规定，钢筋量差调整及价差调整，不以个别构件为对象，而是以单位工程中所有不同类别钢筋砼构件的钢筋总量为对象进行调整。钢筋量差调整的公式如下：

单位工程构件钢筋量差＝单位工程设计图纸钢筋净用量×（1＋损耗率）－单位工程构件定额分析钢筋总消耗量

说明：这里的构件分别是指现浇构件、装配式构件、先张法预应力构件、后张法预应力构件。这几种构件要分别进行调整。各类构件中钢筋的损耗率一般在定额总说明中予以规定。

（2）钢筋价差的调整

钢筋的预算价格具有时间性，几乎每年都有不同程度的变化。而预算定额却具有相对稳定性，一般在几年内不变。在这种情况下，定额中的钢筋预算价格与实际的钢筋价格就有一个差额。所以在编制施工图预算时，要进行钢筋的实际价格与预算价格的调整。

第三章 园林工程预算费用组成

第一节 预算费用的组成

园林建设工程费用是指直接发生在园林工程施工生产过程中的费用，施工企业和项目经理部在组织管理施工生产经营活动中间接地为工程支出的费用，以及按国家规定收取的利润和缴纳的税金等的总称。

园林建设工程是园林施工企业按预定生产目的创造的直接生产成果，它必须通过施工企业的生产活动才能实现。从理论上讲，园林建设工程费用以园林工程价值为基础，由三个部分组成，即施工企业转移的生产资料的费用，施工企业职工的劳动报酬和必要的费用，施工企业向财政缴纳的税金后自存的利润等。

按建标的通知，园林建设工程的费用一般是由直接费、间接费、利润、税金和其他费用五部分组成。

一、直接费

直接费是指施工中直接用于某工程上的各项费用总和，由直接工程费和措施费组成。

1. 直接工程费

是指在施工过程中耗费的构成工程实体的各项费用，包括：人工费、材料费、施工机械使用费。

(1) 人工费

人工费是指直接从事工程施工的生产工人开支的各项费用。

① 基本工资　是指发给生产工人的基本工资。

② 工资性补贴　是指按规定标准发放的物价补贴、煤电补贴、肉价补贴、副食补贴、粮油补贴、自来水补贴、粮价补贴、电价补贴、燃料补贴、燃气补贴、市内交通补贴、住房补贴、集中供暖补贴、寒区补贴、地区津贴、林区津贴和流动施工津贴等。

③ 辅助工资　是指生产工人年有效施工天数以外非作业天数的工资，包括职工学习、培训期间的工资，调动工作、探亲、休假期间的工资，因气候影响的停工工资，女工哺乳时间的工资，病假在六个月以内的工资及产、婚、丧假期的工资。

④ 职工福利费　是指按规定标准计提的职工福利费用。

⑤ 生产工人劳动保护费　是指按标准发放的劳动防护用品的购置费及修理费、徒工服装补贴、防暑降温措施费用。

(2) 材料费

材料费是指在施工过程中耗费的构成工程实体的原材料、辅助材料、构配件、零件、半成品的费用，内容包括以下各项费用。

① 材料原价（或供应价格）。

② 材料运杂费　是指材料自来源地运至工地仓库或指定堆放地点所发生的全部费用。

③ 运输损耗费　是指材料在运输装卸过程中不可避免的损耗。

④ 采购及保管费　是指为组织采购、供应和保管材料过程中所需要的各项费用，包括采购费、仓储费、工地保管费、仓储损耗。

⑤ 检验试验费　是指对建筑材料、构件和建筑安装物进行一般鉴定、检查所发生的费用，包括自设试验室进行试验所耗用的材料和化学药品等费用。不包括新结构、新材料的试验费和建设单位对具有出厂合格证明的材料进行检验，对构件做破坏性试验及其他特殊要求检验试验的费用。

(3) 施工机械使用费

施工机械使用费是指施工机械作业所发生的机械使用费以及机械安拆费和场外运费。

施工机械台班单价应由下列七项费用组成。

① 折旧费　指施工机械在规定的使用年限内，陆续收回其原值及购置资金的时间价值。

② 大修理费　指施工机械按规定的大修理间隔台班进行必要的大修理，以恢复其正常功能所需的费用。

③ 经常修理费　指施工机械除大修理以外的各级保养和临时故障排除所需的费用，包括为保障机械正常运转所需替换设备与随机配备工具、附件的摊销和维护费用，机械运转中日常保养所需润滑与擦拭的材料费用及机械停滞期间的维护和保养费用等。

④ 安拆费及场外运费　安拆费指施工机械在现场进行安装与拆卸所需的人工、材料、机械和试运转费用以及机械辅助设施的折旧、搭设、拆除等费用；场外运费指施工机械整体或分体自停放地点运至施工现场或由一施工地点运至另一施工地点的运输、装卸、辅助材料及架线等费用。

⑤ 人工费　指机上司机（司炉）和其他操作人员的工作日人工费及上述人员在施工机械规定的年工作台班以外的人工费。

⑥ 燃料动力费　指施工机械在运转作业中所消耗的固体燃料（煤、木柴）、液体燃料（汽油、柴油）及水、电等。

⑦ 养路费及车船使用税　指施工机械按照国家规定和有关部门规定应缴纳的养路费、车船使用税、保险费及年检费等。

2. 措施费

措施费是指为完成工程项目施工，发生于该工程施工前和施工过程中非工程实体项目的费用。内容包括以下各项费用。

① 环境保护费　是指施工现场为达到环保部门要求所需要的各项费用。

② 文明施工费　是指施工现场文明施工所需要的各项费用。

③ 安全施工费　是指施工现场安全施工所需要的各项费用。

④ 临时设施费　是指施工企业为进行建筑工程施工所必须搭设的生活和生产用的临时建筑物、构筑物和其他临时设施费用等。

临时设施包括：临时宿舍、文化福利及公用事业房屋与构筑物，仓库、办公室、加工厂以及规定范围内道路、水、电、管线等临时设施和小型临时设施。

临时设施费用包括：临时设施的搭设、维修、拆除费或摊销费。

⑤ 夜间施工费　是指因夜间施工所发生的夜班补助费、夜间施工降效、夜间施工照明

设备摊销及照明用电等费用。

⑥ 二次搬运费　是指因施工场地狭小等特殊情况而发生的二次搬运费用。

⑦ 大型机械设备进出场及安拆费　是指机械整体或分体自停放场地运至施工现场或由一个施工地点运至另一个施工地点，所发生的机械进出场运输及转移费用及机械在施工现场进行安装、拆卸所需的人工费、材料费、机械费、试运转费和安装所需的辅助设施的费用。

⑧ 混凝土、钢筋混凝土模板及支架费　是指混凝土施工过程中需要的各种钢模板、木模板、支架等的支、拆、运输费用及模板、支架的摊销（或租赁）费用。

⑨ 脚手架费　是指施工需要的各种脚手架搭、拆、运输费用及脚手架的摊销（或租赁）费用。

⑩ 已完工程及设备保护费　是指竣工验收前，对已完工程及设备进行保护所需费用。

⑪ 施工排水、降水费　是指为确保工程在正常条件下施工，采取各种排水、降水措施所发生的各种费用。

二、间接费

由规费、企业管理费两部分组成。

1. 规费

规费是指政府和有关权力部门规定必须缴纳的，应计入建筑安装工程造价的费用。内容包括以下各项费用。

① 养老保险费　是指企业按规定标准为职工缴纳的基本养老保险费。

② 医疗保险费　是指企业按规定标准为职工缴纳的基本医疗保险费。

③ 失业保险费　是指企业按规定标准为职工缴纳的失业保险费。

④ 工伤保险费　是指企业按规定标准为职工缴纳的工伤保险费。

⑤ 生育保险费　是指企业按规定标准为职工缴纳的生育保险费。

⑥ 住房公积金　是指企业按规定标准为职工缴纳的住房公积金。

⑦ 危险作业意外伤害保险费　是指按照《建筑法》规定，企业为从事危险作业的建筑安装施工人员支付的意外伤害保险费。

⑧ 工程排污费　是指企业按规定标准缴纳的工程排污费。

2. 企业管理费

企业管理费是指园林建设企业组织施工生产和经营管理所需费用。内容包括以下各项费用。

① 管理人员工资　是指管理人员的基本工资、工资性补贴、职工福利费、劳动保护费等。

② 办公费　是指企业管理办公用的文具、纸张、账表、印刷、邮电、书报、会议、水电、烧水和集体取暖（包括现场临时宿舍取暖）用煤等费用。

③ 差旅交通费　是指职工因公出差、调动工作的差旅费，住勤补助费，市内交通费和误餐补助费，职工探亲路费，劳动力招募费，职工离退休、退职一次性路费，工伤人员就医路费，工地转移费以及管理部门使用的交通工具的油料、燃料、养路费及牌照费。

④ 固定资产使用费　是指管理和试验部门及附属生产单位使用的属于固定资产的房屋、设备仪器等的折旧、大修、维修或租赁费。

⑤ 工具用具使用费　是指管理使用的不属于固定资产的生产工具、器具、家具、交通工具和检验、试验、测绘、消防用具等的购置、维修和摊销费。

⑥ 劳动保险费　是指由企业支付离退休职工的易地安家补助费、职工退职金、六个月以上的病假人员工资、职工死亡丧葬补助费、抚恤费、按规定支付给离休干部的各项经费。

⑦ 工会经费　是指企业按职工工资总额计提的工会经费。

⑧ 职工教育经费　是指企业为职工学习先进技术和提高文化水平，按职工工资总额计提的费用。

⑨ 财产保险费　是指施工管理用财产、车辆保险。

⑩ 财务费　是指企业为筹集资金而发生的各种费用。

⑪ 税金　是指企业按规定缴纳的房产税、车船使用税、土地使用税及印花税等。

⑫ 其他　包括技术转让费、技术开发费、业务招待费、绿化费、广告费、公证费、法律顾问费、审计费及咨询费等。

三、利润

利润是指施工企业完成所承包工程获得的盈利。

四、税金

税金是指国家税法规定的应计入建设工程造价内的营业税、城市维护建设税及教育费附加税等。

五、其他费用

① 人工费价差　是指在施工合同中约定或施工实施期间省建设行政主管部门发布的人工单价与本《费用定额》规定标准的差价。

② 材料费价差　是指在施工实施期间材料实际价格（或信息价格、价差数）与省计价定额中材料价格的差价。

③ 机械费价差　是指在施工实施期间省建设行政主管部门发布的机械费价格与省计价定额中机械费价格的差价。

④ 暂列金额　是指发包人暂定并包括在合同价款中的一笔款项，用于施工合同签订时尚未确定或者不可预见的所需材料、设备、服务的采购，施工中可能发生的工程变更、合同约定调整因素出现时的工程价款调整以及发生的索赔、现场签证确认等的费用。

⑤ 暂估价　是指发包人提供的用于支付必然发生但暂时不能确定价格的材料单价以及专业工程的金额。

⑥ 计日工　是指承包人在施工过程中，完成发包人提出的施工图纸以外的零星项目或工作所需的费用。

⑦ 总承包服务费　是指总承包人为配合协调发包人进行的工程分包、自行采购的设备、材料等进行管理、服务（如分包人使用总包人的脚手架、垂直运输、临时设施、水电接驳等）以及施工现场管理、竣工资料汇总整理等服务所需的费用。

第二节　直接费的计算

直接费由人工费、材料费、施工机械使用费和其他直接费等组成。

直接费的计算可用下式表示：

$$直接费 = \sum(预算定额基价 \times 项目工程量) + 其他直接费$$
$$或直接费 = \sum(预算定额基价 \times 项目工程量) \times (1 + 其他直接费费率)$$

1. 人工费

人工费的计算，可用下式表示：

$$人工费 = \sum(预算定额基价人工费 \times 项目工程量)$$

2. 材料费

材料费的计算可用下式表示：

$$材料费 = \sum(预算定额基价材料费 \times 项目工程量)$$

3. 施工机械使用费

施工机械使用费的计算，可用下式表示：

$$施工机械使用费 = \sum(预算定额基价机械费 \times 项目工程量) + 施工机械进出场费$$

4. 其他直接费

其他直接费是指在施工过程中发生的具有直接费性质但未包括在预算定额之内的费用。其计算公式如下：

$$其他直接费 = (人工费 + 材料费 + 机械使用费) \times 其他直接费费率$$

第三节　其他各项取费的计算

一、间接费

间接费包括施工管理费和其他间接费。

施工管理费与其他间接费的计算，是用直接费分别乘以规定的相应费率。其计算可用下式表示：

$$施工管理费 = 直接费 \times 施工管理费费率$$
$$其他间接费 = 直接费 \times 其他间接费费率$$

由于各地区的气候、社会经济条件和企业的管理水平等的差异，导致各地区各项间接费费率不一致，因此，在计算时，必须按照当地主管部门制定的标准执行。

二、差别利润

园林工程差别利润是指按规定的应计入园林工程造价的利润，依据工程类别实行差别利润率。其计算可用下式表示：

$$差别利润 = (直接工程费 + 间接费 + 贷款利息) \times 差别利润率$$

三、税金

根据国家现行规定，税金是由营业税税率、城市维护建设税税率、教育费附加三部分构成。

应纳税额按直接工程费、间接费、差别利润及差价四项之和为基数计算。根据有关税法计算税金的公式如下：

$$应纳税额 = 不含税工程造价 \times 税率$$

含税工程造价的公式如下：

$$含税工程造价＝不含税工程造价×（1＋税率）$$

税金列入工程总造价，由建设单位负担。

四、材料差价

市场经济条件下，部分原材料实际价格与预算价格不符，因此在确定单位工程造价时，必须进行差价调整。

材料差价是指材料的预算价格与实际价格的差额。

材料差价一般采用两种方法计算：

1. 国拨材料差价的计算

国拨材料（如钢材、木材、水泥等）差价的计算是用实际购入单价减去预算单价再乘以材料数量即为某材料的差价。将各种材料差价汇总，即为该工程的材料差价，列入工程造价。

材料差价的计算，可用下式表示：

$$某种材料差价＝（实际购入单价－预算定额材料单价）×材料数量$$

2. 地方材料差价的计算

为了计算方便，地方材料差价的计算一般采用调价系数进行调整（调价系数由各地自行测定）。其计算方法可用下式表示：

$$差价＝定额直接费×调价系数$$

第四章 园林工程定额计价法
编制园林工程预算

第一节 园林工程施工图预算书的编制

园林工程是研究园林造景技艺及工程施工的学科。它研究的中心内容是在探讨如何最大限度发挥园林综合功能的前提下，解决园林中的工程建筑物、构筑物和园林风景的矛盾统一问题。其内容主要包括绿化工程、园路园桥假山工程、园林景观小品工程。

园林工程是创造美的过程，属于艺术范畴，不能用程序化、统一的运算模式对园林景观进行精确的核算，必须根据设计文件的要求、园林景观的特点，事先对园林工程所需的人工费、材料费、机械费等费用加以计算，以便获得合理的工程造价，保证工程质量。通过预算，计算出此项园林工程的造价后，才能进行正常的施工与管理。

一、园林工程预算书（定额计价投标报价编制表）的组成

一套完整的园林工程预算的编制包括封面、编写说明、工程项目投标报价汇总表、单项工程投标报价汇总表、单位工程投标报价汇总表、分部分项工程投标报价表、定额措施项目投标报价表、通用措施项目报价表、其他项目报价表、暂列金额明细表、材料暂估单价明细表、专业工程暂估价明细表、总承包服务费报价明细表、安全文明施工费报价表、规费和税金报价表、主要材料价格报价表、主要材料用量统计表等内容。

1. 封面

园林工程预算封面主要包括工程名称、工程造价（大写、小写）、招标人、咨询人、编制人、复核人、编制时间、复核时间等（表 4-1）。

表 4-1 封面格式表

_____ 工程	
工程造价	
招标人：_____	咨询人：
（单位盖章）	（单位资质专用章）
法定代表人	法定代表人
或其授权人：_____	或其授权人：
（签字或盖章）	（签字或盖章）
编制人：_____	复核人：
编制时间：年 月 日	复核时间：年 月 日

2. 编制说明

编制说明主要包括工程概况、编制依据、采用定额、工程类别（表 4-2）。

① 工程概况　应说明本工程的工程性质、工程编号、工程名称、建设规模等工程内容，包括的工程内容有绿化工程、园路工程、花架工程等。

② 编制依据　主要说明本工程施工图预算编创依据的施工图样、标准图集、材料做法以及设计变更文件。

③ 采用定额　主要说明本工程施工图预算采用的定额。

④ 企业取费类别　主要说明企业取费类别和工程承包的类型。

表 4-2　编制说明

总说明

工程名称：　　　　　　　　　　　　　　　　　　　　　　　　　　　第　页　共　页

1. 工程概况 2. 编制依据 3. 采用定额 4. 工程类别

3. 工程项目投标报价汇总表

将各分项工程的工程费用分别填入工程汇总表中（表 4-3）。

表 4-3　工程项目投标报价汇总表

工程名称：　　　　　　　　　　　　　　　　　　　　　　　　　　　第　页　共　页

序号	单项工程名称	金额/元	其中		
			暂估价/元	安全文明施工费/元	规费/元
	合计				

4. 单项工程投标报价汇总表

单项工程投标报价汇总表见表 4-4。

表 4-4　单项工程投标报价汇总表

工程名称：　　　　　　　　　　　　　　　　　　　　　　　　　　　第　页　共　页

序号	单位工程名称	金额/元	其中		
			暂估价/元	安全文明施工费/元	规费/元
	合计				

5. 单位工程投标报价汇总表

单位工程投标报价汇总表见表4-5。

表4-5 单位工程投标报价汇总表

工程名称：

序号	汇总内容	金额	其中:暂估价
1	分部分项工程		
1.1			
（A）	其中:计费人工费		
1.2			
2	措施费		
2.1	定额措施费		
（B）	其中:计费人工费		
2.2	通用措施费		
3	企业管理费		
4	利润		
5	其他费用		
5.1	暂列金额		
5.2	专业工程暂估价		
5.3	计日工		
5.4	总承包服务费		
6	安全文明施工费		
6.1	环境保护等五项费用		
6.2	脚手架费		
7	规费		
8	税金		
	合计		

6. 分部分项工程投标报价表

分部分项工程投标报价表见表4-6。

表4-6 分部分项工程投标报价表

工程名称：

序号	定额编号	分部分项工程名称	工程量		价值		其中					
							人工费		材料费		机械费	
			单位	数量	定额基价	总价	单价	金额	单价	金额	单价	金额
1												
2												
3												
		本页小计										
		合计										

7. 定额措施项目投标报价表

定额措施项目投标报价表见表4-7。

表 4-7 定额措施项目投标报价表

工程名称：   第 页 共 页

序号	定额编号	分部分项工程名称	工程量		价值		其中					
							人工费		材料费		机械费	
			单位	数量	定额基价	总价	单价	金额	单价	金额	单价	金额
1												
2												
3												
	本页小计											
	合计											

8. 通用措施项目报价表

通用措施项目报价表见表4-8。

表 4-8 通用措施项目报价表

工程名称：   第 页 共 页

序号	项 目 名 称	计费基础	市政费率/%	园林绿化	金额
1	夜间施工费	(A)+(B)	0.11	0.08	
2	二次搬运费	(A)+(B)	0.14	0.08	
3	已完工程及设备保护费	(A)+(B)	0.11	0.11	
4	工程定位、复测、交点、清理费	(A)+(B)	0.14	0.11	
5	生产工具用具使用费	(A)+(B)	0.14	0.14	
6	雨季施工费	(A)+(B)	0.14	0.11	
7	冬季施工费	(A)+(B)	0.68	1.34	
8	检验试验费	(A)+(B)	2.00	1.14	
9	室内空气污染测试费	根据实际情况确定	按实际发生计算		
10	地上、地下设施,建筑物的临时保护设施费	根据实际情况确定	按实际发生计算		
合计					

注：A：计费人工费 53 元 / 工日；B：定额措施费中计费人工费。

9. 其他项目报价表

其他项目报价表见表4-9。

表 4-9 其他项目报价表

工程名称：   第 页 共 页

序号	项目名称	计量单位	金额	备注
1	暂列金额			
2	暂估价			
2.1	材料暂估价			
2.2	专业工程暂估价			
3	总承包服务费			
	合 计			

10. 暂列金额明细表

暂列金额明细表见表 4-10。

表 4-10　暂列金额明细表

工程名称：　　　　　　　　　　　　　　　　　　　　　　　　第　页　共　页

序号	项目名称	计量单位	暂定金额	备注
1				
2				
3				
合　计				

11. 材料暂估单价明细表

材料暂估单价明细表见表 4-11。

表 4-11　材料暂估单价明细表

工程名称：　　　　　　　　　　　　　　　　　　　　　　　　第　页　共　页

序号	材料名称、规格、型号	计量单位	单价/元	备注
1				
2				
3				

12. 专业工程暂估价明细表

专业工程暂估价明细表见表 4-12。

表 4-12　专业工程暂估价明细表

工程名称：　　　　　　　　　　　　　　　　　　　　　　　　第　页　共　页

序号	工程名称	工程内容	金额/元	备注
1				
2				
3				
合计				

13. 总承包服务费报价明细表

总承包服务费报价明细表见表 4-13。

表 4-13　总承包服务费报价明细表

工程名称：　　　　　　　　　　　　　　　　　　　　　　　　第　页　共　页

序号	项目名称	项目价值	计费基础	服务内容	费率/%	金额/元
1	发包人供应材料		供应材料费用			
2	发包人采购设备		设备安装费用			
3	发包人发包专业工程		专业工程费用			
合计						

14. 安全文明施工费报价表

安全文明施工费报价表见表 4-14。

表 4-14 安全文明施工费报价表

工程名称：

序号	项目名称	计价基础	金额/元
1	环境保护等五项费用		
2	脚手架费		
	合计		

15. 规费、税金报价表

规费、税金报价表见表 4-15

表 4-15 规费、税金报价表

工程名称：

序号	项目名称	计算基础	费率/%	金额/元
1	规费			
1.1	养老保险费		2.86	
1.2	医疗保险费		0.45	
1.3	失业保险费		0.15	
1.4	工伤保险费	分部分项工程费＋措施费＋企业管理费＋利润＋其他费用	0.17	
1.5	生育保险费		0.09	
1.6	住房公积金		0.48	
1.7	危险作业意外伤害保险费		0.09	
1.8	工程排污费		0.05	
小计				
2	税金	分部分项工程费＋措施费＋企业管理费＋利润＋其他费用＋安全文明施工费＋规费	市区 3.41（哈市 3.44）	
	合计			

16. 主要材料价格报价表

主要材料价格报价表见表 4-16。

表 4-16 主要材料价格报价表

工程名称：

序号	材料编码	材料名称	规格、型号等特殊要求	单位	单价/元
1					
2					
3					

17. 主要材料用量统计表

主要材料用量统计表见表 4-17。

表 4-17　主要材料用量统计表

工程名称：

序号	材料编码	材料名称	规格、型号等特殊要求	单位	数量	单价/元	合计	备注
								供货商地址联系电话

二、工程量计算的一般原则

预算人员应在熟悉图样、预算定额和工程量计算规则的基础上，根据施工图上的尺寸、数量，准确地计算出各项工程的工程量，并填写工程量计算表格。为了保证工程量计算的准确，通常要遵循以下原则。

1. 计算口径要一致，避免重复和遗漏

计算工程量时，根据施工图列出分项工程的口径（指分项工程包括的工作内容和范围），必须与预算定额中相应分项工程的口径一致。例如栽植绿篱，预算定额中已包括了开绿篱沟项目，则计算该项工程量时，不应另列开绿篱沟项目，造成重复计算。

2. 工程量计算规则要一致，避免错算

工程量计算必须与预算定额中规定的工程量计算规则（或工程量计算方法）相一致，保证计算结果准确。

3. 计量单位要一致

各分项工程量的计量单位，必须与预算定额中相应项目的计量单位一致。例如预算定额中，栽植绿篱分项工程的计量单位是延长米，而不是株数，则工程量单位也是延长米。

4. 按顺序进行计算

计算工程量时要按着一定的顺序（工序）逐一进行计算，既可以避免漏项和重算，又方便将来套定额。

5. 计算精度要统一

为了计算方便，工程量的计算结果统一要求为：除钢材（以吨为单位）、木材（以立方米为单位）取三位小数外，其余项目一般取两位小数。

三、园林工程预算的编制程序

编制园林工程概预算的一般步骤和顺序，概括如下。

了解整个工程概况——收集资料（熟悉施工图、了解施工组织设计、了解现场情况）——计算工程量——套定额、计算工程直接费——工、料、机分析（差价）——费用计取（计算工程造价）——填写单位工程投标报价汇总表——填写单项工程投标报价汇总表——工程项目投标报价汇总表——主要材料价格表——其他费用明细——编制说明、填写封面、装订成册。

具体编制程序如下。

1. 收集基础资料，做好准备

编制预算之前，要搜集齐的资料包括施工图设计图样、地区预算定额、取费标准及市场材料价格等。

2. 熟悉施工图等基础资料

编制施工图预算前，应熟悉并检查施工图样是否齐全，尺寸是否清楚，了解设计意图，掌握工程全貌。另外，针对要编制预算的工程内容搜集有关资料，包括熟悉并掌握预算定额的使用范围、工程内容及工程量计算规则等。

3. 了解施工组织设计和施工现场情况

预算前，应了解施工组织设计中影响工程造价的有关内容。例如，各分部分项工程的施工方法，土方工程中余土外运使用的工具、运距，施工平面图对建筑材料、构件等堆放点到施工操作地点的距离等，以便能正确计算工程量和正确套用或确定某些分项工程的基价。这对于正确计算工程造价、提高施工图预算质量有着重要意义。

4. 组织相应表格

弄清楚单项工程、单位工程、分部工程、分项工程的数量，一一列入相应的表格里。

5. 计算工程量

严格按照图样尺寸和现行定额规定的工程量计算规则，遵循一定的顺序逐项计算分项子目的工程量。计算各分部分项工程量前，最好先列项。也就是按照分部分项工程中各分项子目的顺序，先列出单位工程中所有分项子目的名称，然后再逐个计算其工程量。这样，可以避免在工程量计算中出现盲目、零乱的状况，使工程量计算工作有条不紊地进行，也可以避免漏项和重项。

6. 汇总工程量、套预算定额基价

各分项工程量计算完毕，并经复核无误后，按预算定额手册规定的分部分项工程顺序逐项汇总，然后将汇总后的工程量抄入分部分项工程投标报价表内，并把计算项目的相应定额编号、计量单位、预算定额基价以及其中的人工费、材料费、机械台班使用费，填入表内。以此类推，填写定额措施项目投标报价表、通用措施项目报价表、暂列金额明细表、材料暂估单价明细表、专业工程暂估价明细表、总承包服务费报价明细表、安全文明施工费报价表、规费和税金报价表。

7. 计算工程直接费

计算各分项工程直接费并汇总，即定额直接费，再以此为基数计算其他直接费、现场经费，求和得到工程直接费。

8. 计取各项费用

以计算的工程直接费（人工费）为基数，按取费标准计算间接费、计划利润、税金等费用，求得该单位工程造价。几个单位工程造价的总和即为单项工程造价。几个单项工程造价的总和即为工程项目总的造价。

9. 进行工料分析

计算出该单位工程所需要的各种材料用量和人工工日总数，并填入材料汇总表中。这一步骤通常与套定额单价同时进行，以避免二次翻阅定额。如果需要，还要进行材料价差调整。

10. 填写封面、编制说明、装订成册

园林工程预算书装订、密封要严格按照招标文件进行。装订的一般顺序为：封面——编写说明——工程项目投标报价汇总表——单项工程投标报价汇总表——单位工程投标报价汇总表——分部分项工程投标报价表——定额措施项目投标报价表——通用措施项目报价表——其他项目报价表——暂列金额明细表——材料暂估单价明细表——专业工程暂估价明细表——总承包服务费报价明细表——安全文明施工费报价表——规费和税金报价表——主要材料价格报价表——主要材料用量统计表，根据实际情况适当取舍。

第二节　园林绿化工程的工程量计算规则以及实例

绿化工程是园林工程建设的基础，绿化工程预算主要分为计算工程量、套用定额、费用计取三部分。这三部分中，工程量的计算是工程预算的基础。

园林绿化工程主要包括绿化工程的准备工作、树木栽植工程、花卉种植与草坪铺栽工程、大树移植工程及绿化养护管理工程。

下面以《黑龙江省建设工程计价依据 2010》为例进行简要阐述园林绿化工程计价定额的相关规定。

一、园林绿化工程计价定额的相关规定

(1) 除定额另有说明外，均已包括施工地点 50m 范围内的搬运费用。

(2) 定额已包括施工后绿化地周围 2m 以内的清理工作，不包括种植前清除垃圾及其他障碍物，障碍物及种植前后的垃圾清运另行计算。

(3) 定额不包括苗木的检疫及土壤测试等内容。

(4) 伐树、树木修剪定额中所列机械如未发生，可从定额中扣除，其他不变。

(5) 绿地整理

① 整理绿地是按人工整地编制的，包括整地范围内±30cm 的人工平整，超过±30cm或需要采用机械挖填土方时，另行计算。

② 伐树定额，如树冠幅内外有障碍物（电杆及电线等），人工乘以系数 1.67；如地面有障碍物（房屋等），人工乘以系数 2；如树冠幅内外及地面均有障碍物时，人工乘以系数 2.50，胸径是指离地 1.2m 处的树干直径。如伐树胸径与定额不同时，可按内差法计算。

(6) 栽植花木

① 栽植花木定额中包括种植前的准备工作。

② 起挖或栽植树木定额均以一、二类土为准，如为三类土，人工乘以 1.34 系数；如为四类土，人工乘以 1.76 系数。

③ 冬季起挖或栽植树木，如有冻土，起挖树木按相应起挖定额人工乘以 1.87 系数，栽植树木按相应栽植定额人工乘以 0.6 系数，同时增加挖树坑项目，挖树坑按《黑龙江省建设工程计价依据（市政工程计价定额）》挖冻土相应定额执行。

④ 栽植以原土回填为准，如需换土，按换土定额计算（换土量按附表计算）。

⑤ 绿篱、攀缘植物、花草等如需计算起挖时，按照灌木起挖定额执行。

⑥ 栽植绿篱高度指剪后高度。

⑦ 露地花卉子目中五色草定额栽植未含五色草花坛抹泥造型，发生时另行计算。

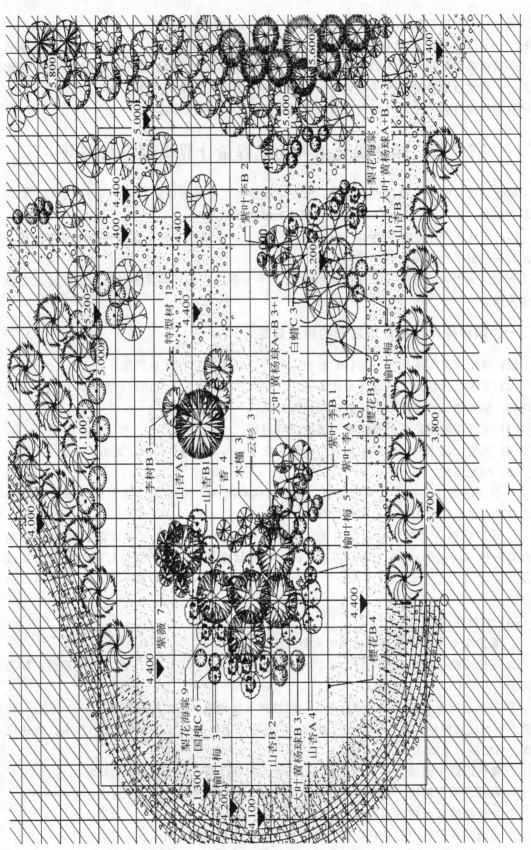

图 4-1 绿化工程

⑧ 起挖花木项目中带土球花木的包扎材料，定额按草绳综合考虑，无论是用稻草，塑料编织袋（片）或塑料简易花盆包扎，均按照定额执行，不予换算。

（7）抚育

① 行道树浇水指公共绿化街道的浇水。补植浇水时，乘以系数 1.3。

② 绿地、小区庭院树木水车浇水按行道树浇水定额乘以系数 0.8。

③ 带刺灌木修剪按灌木修剪相应定额执行，人工乘以系数 1.43。

（8）其他

① 攀缘植物养护定额包括施有机肥，如实际未发生，应予扣除，其他不变。

② 药剂涂抹、注射，药剂叶面喷洒定额中未包括药剂，药剂用量按照配比另行计算。树木涂白按涂 1m 高编制。

二、工程量计算规则

（1）嵌草栽植定额工程量按铺种面积计算，不扣除空隙面积。满铺草皮按实际绿化面积计算。

（2）抚育的工程量按实际栽植数量乘以需要抚育的次数进行计算。

（3）草坪施肥定额按施肥草坪面积以平方米计算。

（4）草绳绕树按草绳长度以米计算。

三、园林绿化工程工程量计算实例

计算如图 4-1 所示的部分绿地的绿化工程量。表 4-18 为图 4-1 的苗木规格。

表 4-18　图 4-1 的苗木规格

序号	品种	规格/cm			数量	单位	备注
		胸径	高度	冠幅			
1	云杉		301～400	181～220	3	株	
2	特型树	大于25	901～1000	601～700	1	株	
3	国槐 C	20.1～22	600～700	451～500	6	株	
4	白蜡 C	18.1～20	701～750	451～500	3	株	
5	李树 B	9.1～10	351～400	301～350	3	株	
6	紫叶李 B	10.1～12.0	301～350	251～280	3	株	
7	紫叶李 A	7.1～8.0	201～250	181～200	3	株	
8	樱花 B	10.1～12	350～400	301～350	3	株	
9	梨花海棠	5.1～6.0	201～250	180～220	15	株	
10	榆叶梅		151～180	101～130	11	株	
11	山杏 B	15	350～400	350～400	4	株	
12	山杏 A	10	251～300	201～250	10	株	
13	大叶黄杨球 B		101～120	161～180	7	株	
14	大叶黄杨球 A		81～100	101～120	8	株	
15	丁香		201～250	151～180	4	株	
16	木槿		181～200	121～150	3	株	
17	紫薇	10～12	321～380	151～180	7	株	

园林绿化工程量计算的步骤如下。

1. 列出分项工程项目名称，与计算格式一致，按顺序进行排列

根据图 4-1 所示的部分绿地绿化施工图和园林绿化工程量计算规则并结合施工方案的有关内容，按照施工顺序计算工程量，逐一列出图 4-1 绿化施工图预算的分项工程项目名称（简称列项）。所列的分项工程项目名称必须与预算定额中相应项目名称一致。填入工程量计算表，见表 4-19。

说明：在绿化工程当中，绿化苗木如果是市场购入的苗木不计算起苗费，直接计算苗木费即可。本案例按市场购入苗木计算（即需列起挖苗项）。

表 4-19　工程量计算表（一）

序号		分项工程名称	单位	计算公式	工程数量	备 注
一、		整理绿地				
	1	清除草皮				
	2	整理绿化用地				
	3	换土				
二、		栽植花木				
	（一）	栽植乔木				
	1	云杉				
	2	特型树				
	3	国槐 C				
	4	白蜡 C				
	（二）	栽植灌木				
	1	李树 B				
	2	紫叶李 B				
	3	紫叶李 A				
	4	樱花 B				
	5	梨花海棠				
	6	榆叶梅				
	7	山杏 B				
	8	山杏 A				
	9	大叶黄杨球 B				
	10	大叶黄杨球 A				
	11	丁香				
	12	木槿				
	13	紫薇				
	（三）	栽植绿篱				
	1	栽植灌木绿篱				
	（四）	喷播植草				
	（五）	大树移植				
	（六）	树木支撑				
	（七）	人工换土				

序号		分项工程名称	单位	计算公式	工程数量	备　注
三、		**抚育**				
	（一）	浇水				
	1	绿地内树木水管浇水				
	2	绿篱浇水				
	3	草坪浇水				
	（二）	整形修剪				
	1	树木整形修剪				
	2	乔木疏枝修剪				
	3	亚乔木及灌木修剪				
	4	绿篱修剪				
	5	草坪修剪				
四、		**其他**				
	1	草坪除草及绿地施肥				
	2	树木松土施肥				
	3	树干涂白				

2. 列出工程量计算公式、计算过程以及计量单位，与定额要求工程量计算规则要一致

分项工程项目名称列出后，根据施工图 4-1 所示的部位、尺寸和数量，按照工程量计算规则，分别列出工程量计算公式，调整计量单位，如果施工图上的计量单位与预算定额的计量单位不同，应该换算成一致的。例如清除草皮这项，根据施工图，算出的数值是 796.5，而预算定额中的计量单位为 10 平方米，所以在工程量计算表的工程数量中只能填写 79.65。以此类推。计算出工程量，数值精度要一致，一般保留小数点后面两位数字，填入表 4-20。

表 4-20　工程量计算表

序号		分项工程名称	单位	计算公式	工程数量	备　注
一、		**整理绿地**				
	1	清除草皮	$10m^2$	$S=WL=29.5\times27$	79.65	
	2	整理绿化用地	$10m^2$	$S=WL=29.5\times27$	79.65	
二、		**栽植花木**				
	（一）	栽植乔木(含起挖)				
	1	云杉	株	3	3	
	2	特型树	株	1	1	
	3	国槐 C	株	6	6	
	4	白蜡 C	株	3	3	
	（二）	栽植灌木(含起挖)				
	1	李树 B	株	3	3	
	2	紫叶李 B	株	1+2	3	
	3	紫叶李 A	株	3	3	

序号		分项工程名称	单位	计算公式	工程数量	备 注
	4	樱花 B	株	3	3	
	5	梨花海棠	株	9+6	15	
	6	榆叶梅	株	3+5+3	11	
	7	山杏 B	株	2+1+1	4	
	8	山杏 A	株	4+6	10	
	9	大叶黄杨球 B	株	3+1+3	7	
	10	大叶黄杨球 A	株	3+5	8	
	11	丁香	株	4	4	
	12	木槿	株	3	3	
	13	紫薇	株	7	7	
	(三)	栽植绿篱				
	1	栽植灌木绿篱	10m²	3	0.3	
	(四)	喷播植草	10m²	796.5	79.65	
	(五)	大树移植	株	1	1	
	(六)	树木支撑	株	13	13	
	(七)	人工换土	株	94	94	
三		抚育				
	(一)	浇水				
	1	绿地内树木水管浇水	100 株	94	0.94	
	2	绿篱浇水	100m²	3	0.03	
	3	草坪浇水	100m²	796.5	7.965	
	(二)	整形修剪				
	1	树木整形修剪	100 株	94	0.94	
	2	乔木疏枝修剪	100 株	13	0.13	
	3	亚乔木及灌木修剪	100 株	81	0.81	
	4	绿篱修剪	100m²	3	0.03	
	5	草坪修剪	100m²	796.5	7.965	
四		其他				
	1	草坪除杂草及绿地松土	100m²	796.5	7.965	
	2	树木松土施肥	100 株	94	0.94	
	3	树干涂白	株	40	40	

3. 校正核准

绿化工程工程量计算完毕经校正核准后，就可以填写定额计价投标报价编制表。

第三节 园路、园桥工程工程量计算规则以及实例

园路即园林绿地中的道路，是联系园林绿地中各景区、景点的纽带和脉络。园路的功能体现在既能引导游览路线，满足游人游览观赏、休息散步以及开展各种游园活动的需要，也是分隔、联系、组织、形成园林空间和园林景观的重要元素和手段，因而园路是园林造景的

主要内容，也是园林景观的重要组成部分。

园桥的功能与园路一样，既是交通设施，满足人、车通行，起交通联系作用，又是园林绿地中重要的水上景点，以其优美的造型构成园林景观，体现造景、赏景的功能。

所以掌握园路、园桥工程量计算规则，准确计算园路、园桥的工程量，对整个工程的计价影响很大。

一、园路工程

下面以《黑龙江省建设工程计价依据2010》为例简要介绍园路工程工程量计算规则。

1. 园路工程计价定额的相关规定

（1）园路工程中拼花卵石面层定额是以简单图案（如拼花、古钱、方胜等）编制的，如拼复杂图案（如人物、花鸟、瑞兽等），应另行计算。

（2）铺卵石路面定额包括选、洗卵石，清扫，养护等工作内容。

（3）路牙（路沿）材料与路面相同时，将路牙（路沿）的工作量并入路面内计算；如材料不同，可另行计算。

（4）定额中没有包括的路面、路牙铺设，道路伸缩缝及树池围牙等可参照市政道路定额中的相应项目计算。

（5）树池盖板定额中已包括铺放树皮及打药，如设计与定额不同，可扣除定额中的相应材料。

2. 园路工程量计算规则

（1）园路中拼花卵石面层定额以包含拼花图案的最小方形或矩形面积计算。

（2）室内地面以主墙间面积计算，不扣柱、垛、间壁墙所占面积，应扣除室内装饰件底座所占面积，室外地坪和散水应扣除 $0.5m^2$ 以上的树池、花坛、盖板沟、须弥座、照壁等新占面积。

（3）漫石子地面不扣除砖、瓦条拼花所占面积，若砌砖心应扣除砖心所占面积。

（4）用卵石拼花、拼字，均按花或字的外接矩形或圆形面积计算其工程量。

（5）贴陶瓷片按实铺面积计算，瓷片拼花或拼字时，按花或字的外接矩形或圆形面积计算，其工程量乘以系数 0.8。

（6）路牙，按单侧长度以米计算。

（7）混凝土或砖石台阶，按图示尺寸以立方米计算。

（8）台阶和坡道的踏步面层，按图示水平投影面积以平方米计算。

（9）树穴盖板按平方米计算。

（10）园路土基整理路床工程量按整理路床的面积计算，不包括路牙面积，计量单位为平方米。

园路土基整理路床工作内容包括厚度在30cm以内挖土、填土、找平、夯实、整修，弃土2m以外。

（11）园路基础垫层工程量以基础垫层的体积计算，计量单位为立方米。基础垫层体积按垫层设计宽度两边各放宽5cm乘以垫层厚度计算。

园路基础垫层工作内容包括筛土、浇水、拌和、铺设、找平、灌浆、震实、养护。

（12）园路面层工程量按不同面层材料、面层厚度、面层花式，以面层的铺设面积计算，计量单位为平方米。

（13）各种园路面层和地坪按图示尺寸以平方米计算。坡道园路带踏步者，其踏步部分应予以扣除，并另按台阶相应定额子目计算。

园路面层工作内容包括放线、整修路槽、夯实、修平垫层、调浆、铺面层、嵌缝、消扫。

3. 园路工程量计算实例

根据图 4-2、图 4-3 所示的园路工程施工放线图和结构设计图，计算该园路工程的工程量。

（1）收集编制工程预算的各类依据资料

具体包括预算定额、材料预算价格、机械台班费、工程施工图及有关文件等。

（2）阅读施工图及施工说明书，熟悉施工内容

由施工图 4-2 及施工说明可知，该园路工程包括园边主路、院内花岗岩铺装路面和园内人行步道三部分。园边主路宽 3.5m，长 131m（不计环岛），环岛面积为 115.40m²。路面为沥青贯入式路面，根据结构图 4-3 可知，该路为行车路，结构设计共分为四层，分别为素土夯实，厚 200mm 石灰稳定土，厚 200mm 石灰、土、碎石基层，厚 80mm 沥青贯入式路面。花岗岩铺装路为不规则路面，包括两个圆形广场，面积经计算为 498m²。根据结构图 4-3 可知，该路为院内主要通道，结构设计共分为三层，分别为素土夯实，厚 200mm 石灰、土、碎石基层，厚 50mm 花岗岩砖。面层采用花岗岩砖拼花铺装。园内人行步道为人字形条砖铺装，面积为 175m²。根据结构图 4-3 可知，该路为院内次要通道，结构设计共分为三层，分别为素土夯实、水泥干拌沙结合层、人字砖。安砌侧（平、缘）石分项是按照道路中心线长度计算的，其长度经测算为 295m。另外还有建筑两侧的两个小广场和两个通道，面

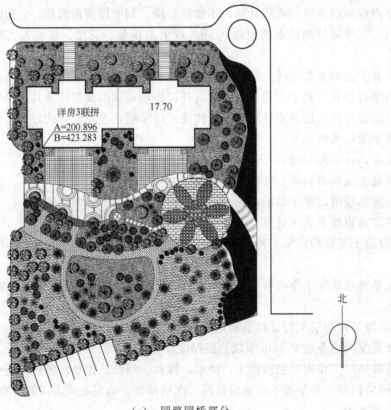

（a）园路园桥部分

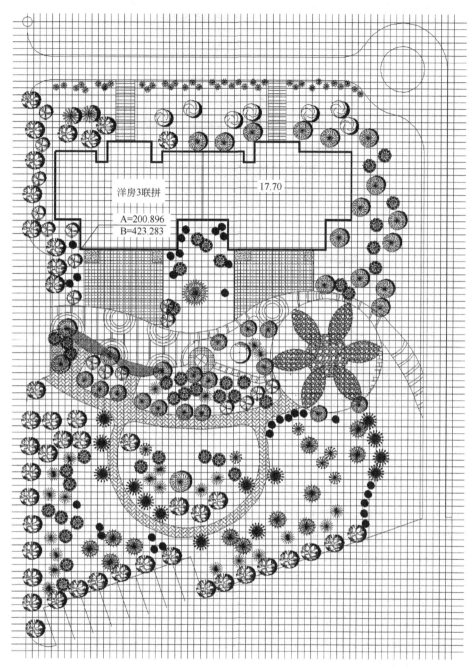

（b）园路园桥部分施工图

图 4-2　园路工程施工放线图

积为 251m² 。在下面列项的时候略。

根据［黑龙江省建设工程计价依据《市政工程计价定额》2010 年］，了解到施工顺序如下：

园边主路：放样——基槽开挖——弹软土处理——厚 200mm 石灰稳定土——厚 200mm 石灰、土、碎石基层——厚 80mm 沥青贯入式路面。

花岗岩铺装路：放样——基槽开挖——弹软土处理——厚 200mm 石灰、土、碎石基层——厚 50mm 花岗岩砖铺设——清洗路面。

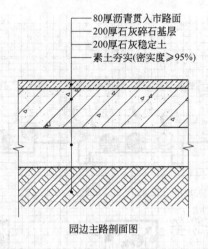

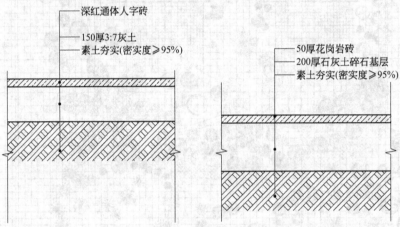

图 4-3　园路结构图

园内人行步道：放样——素土夯实——水泥干拌沙结合层——人字砖——清理杂物。

（3）根据定额工程量计算规则和施工图（图 4-2，图 4-3）计算工程量

① 列出分项工程项目名称，与计算格式一致、按顺序进行排列。

根据图 4-2 所示的园路施工图和市政工程工程量计算规则并结合施工方案的有关内容，结合［黑龙江省建设工程计价依据《市政工程计价定额》（2010 年）］定额项目划分，划分工程项目。按照施工顺序计算工程量，逐一列出图 4-2 道路施工图预算的分项工程项目名称（简称列项）。所列的分项工程项目名称必须与预算定额中相应项目名称一致。填入工程量计算表，项目名称见表 4-21。

表 4-21　工程量计算表

序号		分项工程名称	单位	计算公式	工程数量	备　注
一、		园边主路				
	（一）	路基处理				
	1	弹软土基处理				
	（二）	道路基层				
	1	石灰稳定土厚 200mm				

序号		分项工程名称	单位	计算公式	工程数量	备 注
	2	石灰、土、碎石基层厚 200mm				
	(三)	道路面层				
	1	沥青贯入式路面				
二、		花岗岩铺装路				
	(一)	路基处理				
	1	弹软土基处理				
	(二)	道路基层				
	1	石灰、土、碎石基层厚 200mm				
	(三)	道路面层				
	1	花岗岩铺设				
三、		人字道块料路面铺设				
	1	垫层				
	2	水泥干拌沙结合层				
	3	干铺块料				
四、		安砌侧(平、缘)石				
	1	垫层				
	2	安砌				
	3	现浇立缘石后座				

② 列出工程量计算公式、计算过程以及计量单位，与定额要求工程量计算规则要一致。

分项工程项目名称列出后，根据施工图 4-2 所示的部位、尺寸和数量，按照工程量计算规则，分别列出工程量计算公式，调整计量单位，如果施工图上的计量单位与预算定额的计量单位不同，应该换算成一致的。例如园内人行步道面积为 175m²，在填写干铺块料一项时，其单位为 100m²，因此再填入表格时应写 1.75。其他项目以此类推。计算出工程量，数值精度要一致，一般保留小数点后面两位数字，填入表 4-22。

表 4-22　工程量计算表

序号		分项工程名称	单位	计算公式	工程数量	备注
一、		园边主路(环岛按主路计算)				
	(一)	路基处理				
	1	弹软土基处理	10m³	$V=S_底\times H=[(3.5+0.05\times 2)\times 131+115.4]\times 0.15$	8.81	
	(二)	道路基层				
	1	石灰稳定土厚 200mm	100m²	$S=S_路+S_环=3.5\times 131+115.4$	5.74	
	2	石灰、土、碎石基层厚 200mm	100m²	$S=S_路+S_环=3.5\times 131+115.4$	5.74	
	(三)	道路面层				
	1	沥青贯入式路面	100m²	$S=S_路+S_环=3.5\times 131+115.4$	5.74	

序号		分项工程名称	单位	计算公式	工程数量	备注
二、		花岗岩铺装路				
	（一）	路基处理				
	1	弹软土基处理	$10m^3$	$V=S_底\times H=498\times0.15$	7.47	
	（二）	道路基层				
	1	石灰、土、碎石基层厚200mm	$100m^2$	不规则路面，查方格（或通过CAD软件求和）得	4.98	
	（三）	道路面层				
	1	花岗岩铺设	$100m^2$	不规则路面，查方格（或通过CAD软件求和）得	4.98	
三、		人字道块料路面铺设				
	1	垫层	$10m^3$	$V=S_底\times H=175\times0.15$	1.15	
	2	水泥干拌沙结合层	$100m^2$	不规则路面，查方格（或通过CAD软件求和）得	1.75	
	3	干铺块料	$100m^2$	不规则路面，查方格（或通过CAD软件求和）得	1.75	
四、		安砌侧（平、缘）石				
	1	垫层	$10m^3$	$V=S_底\times H=295\times0.2\times0.15$	8.85	
	2	安砌	100m	295/100	2.95	
	3	现浇立缘石后座	100m	295/100	2.95	

注：安砌侧（平、缘）石垫层宽度按照0.2m计算。

③ 校正核准

园路工程工程量计算完毕经校正核准后，就可以填写定额计价投标报价编制表。

二、园桥工程

下面以《黑龙江省建设工程计价依据2010》为例简要介绍园桥工程工程量计算规则。

1. 园桥工程计价定额的相关规定

（1）园桥

① 园桥包括基础、桥台、桥墩、护坡、石桥面等项目，如遇缺项可分别按《黑龙江省建设工程计价依据市政工程计价定额2010》第二册的相应项目定额执行，其合计工日乘以系数1.25，其他不变。

② 园桥挖土方、垫层、勾缝及有关配件的制作、安装，按现行土建定额相应项目计算，石桥面砂浆嵌缝已包括在定额内，不另计算。

（2）步桥

① 步桥是指建造在庭园内的，主桥孔洞5m以内，供游人通行兼有观赏价值的桥梁。

不适用在庭园外建造。

② 步桥桥基是按混凝土桥基编制的，已综合了条形、杯形和独立基础因素，除设计采用桩基础时可另行计算外，其他类型的混凝土桥基，均不得调整。

③ 步桥的土方、垫层、砖石基础、找平层、桥面、墙面勾缝、装饰、金属栏杆、防潮防水等项目，执行相应定额子目。

④ 预制混凝土望柱，执行本定额中园林建筑及小品工程的预制混凝土花架制作和安装相应定额子目。

⑤ 石桥的金刚墙细石安装项目中，已综合了桥身的各部位金刚墙的因素，不分雁翅金刚墙、分水金刚墙和两边的金刚墙，均按本定额执行。

⑥ 石桥桥身的旋石项目，执行金刚墙细石安装相应定额子目。

⑦ 细石安装定额是按青白石和花岗石两种石料编制的，如实际使用砖渣石、汉白玉石时，执行青白石相应定额子目，使用其他石料时，应另行计算。

⑧ 细石安装，如设计要求采用铁锔子或铁银锭时，其铁锔子或铁银锭应另行计算。

⑨ 石桥的抱鼓安装，执行栏板相应定额子目。

⑩ 石桥的栏板（包括抱鼓）、望柱安装，定额以平直为准，遇有斜栏板、斜抱鼓及其相连的望柱安装，另按斜形栏板、望柱安装定额执行。

⑪ 预制构件安装用的接头灌缝，执行黑龙江省建设工程计价依据《市政工程计价定额》（2010年）第八章（钢筋、铁件）相应定额子目。

2. 园桥工程量计算规则

（1）园桥

园桥毛石基础、桥台、桥墩、护坡按设计图示尺寸以立方米计算，细石混凝土、石桥按设计图示尺寸以平方米计算。

（2）步桥

① 桥基础、现浇混凝土柱（桥墩）、梁、拱旋、预制混凝土拱旋、望柱、门式梁；平桥板、砖石拱旋砌筑和内旋石、金刚墙方整石、旋脸石和水兽（首）石等，均以图示尺寸以立方米计算。

② 现浇桥洞底板按图示厚度，以平方米计算。

③ 挂檐贴面石按图示尺寸，以平方米计算。

④ 型钢锔子、铸铁银锭以个计算。

⑤ 仰天石、地伏石、踏步石、牙子石均按图示尺寸，以米计算。

⑥ 河底海墁、桥面石分厚度，以平方米计算。

⑦ 石栏板（含抱鼓）按设计底边（斜栏板斜长）长度，以块计算。

⑧ 石望柱按设计高度，以根计算。

⑨ 预制构件的接头灌缝，除杯形基础以个计算外，其他均按构件的体积以立方米计算。

⑩ 预制平板桥支撑，按预制平板桥的体积以立方米计算。

⑪ 木桥板制作安装，按设计图示尺寸以面积（桥面板长乘以桥面板宽）计算；栏杆扶手按设计图示尺寸以长度计算。

3. 园桥工程量计算实例

根据图4-4所示的园桥工程施工图和结构设计图，计算该园桥工程的工程量。

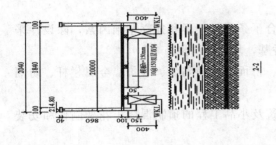

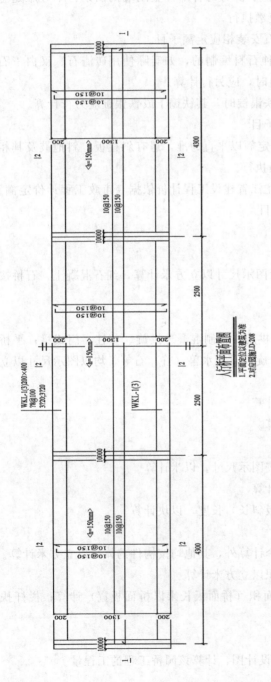

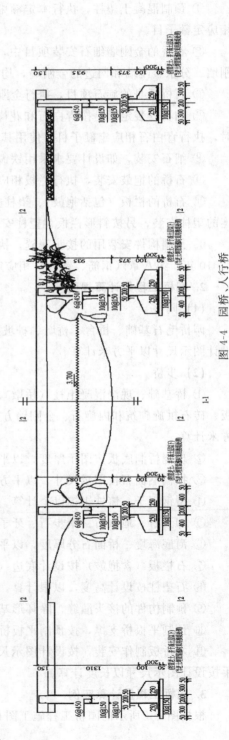

图 4-4　园桥、人行桥

（1）收集编制工程预算的各类依据资料

具体包括预算定额、材料预算价格、机械台班费、工程施工图及有关文件等。

（2）阅读施工图及施工说明书，熟悉施工内容

由施工图及施工说明可知，该园桥工程包括堆石驳岸、桥基础、桥面防腐木面层、金属扶手带栏杆四个和部分内容。

桥基础由八根水泥柱构成，其中中间的四根与两侧的四根稍微有所不同，高度都是1.81m。混凝土的用量按照实际的体积计算，钢筋用量按照标注显示，八根柱子相同。每根柱子的钢筋用量如下：直径为10mm的钢筋纵向间距150mm，也就是说一根柱子纵向5根钢筋。柱子高度1.81m，竖直的钢筋用量1.81×5＝9.05延长米。底部用直径为10mm的钢筋做成网状，合计用5.4延长米。直径为10mm的钢筋每延长米重量为0.617kg，直径为10mm的钢筋用量$G=(9.05+5.4)×0.617=8.92$kg。总共8根柱子，合计用量8.92×8＝71.36kg。直径为6mm的钢筋间距为450mm，做成钢筋圈，每个周长为$D×π=628$mm，一共需要8个，合计5.0延长米。直径为6mm的每延长米0.222kg。直径为6mm的钢筋用量$G=5.0×0.222=1.11$kg。总共8根柱子，合计用量1.11×8＝8.88kg。

桥面两根框架梁，截面尺寸为200mm×400mm，长度为13600mm，混凝土的用量为200mm×400mm×13600mm×2＝2.176立方米，楼板厚度150mm，宽度1300mm，长度为13600mm。混凝土的用量为150mm×1300mm×13600mm＝2.652立方米。桥面钢筋采用直径10mm，间距150mm双向安装。桥面的整体宽度1700mm，钢筋间距150mm，铺12根，桥面长13600mm，间距150mm，铺91根。合计用量：13600mm×12+1700mm×92＝172.32延长米。直径为10mm的钢筋每延长米重量为0.617kg，钢筋用量$G=172.32×0.617=106.57$kg。桥面的防腐木安装以实际面积计算。

桥的金属栏杆采用钢管扶手，其工程量石桥的设计长度，由于两面都有，故其工程量为桥的设计长度的二倍。

桥的堆石驳岸由于定额中无法查到，采用估价的方式。

（3）根据定额工程量计算规则和施工图（图4-4）计算园桥工程量

① 列出分项工程项目名称，与计算格式一致，按顺序进行排列。

根据图4-4所示的园桥施工图和市政工程工程量计算规则并结合施工方案的有关内容，结合黑龙江省建设工程计价依据《市政工程计价定额》（2010年）定额项目划分，划分工程项目。按照施工顺序计算工程量，逐一列出图4-4园桥施工图预算的分项工程项目名称（简称列项）。所列的分项工程项目名称必须与预算定额中相应项目名称一致。填入工程量计算表，项目名称见表4-23。

表4-23　工程量计算表

序号		分项工程名称	单位	计算公式	工程数量	备注
一、		桥基础－灌注桩工程				
	1	人工挖土灌注桩				
	2	埋设刚护筒				
	3	泥浆制作				
	4	灌注混凝土				
	5	钢筋制作安装				

序号		分项工程名称	单位	计算公式	工程数量	备注
二、		桥面铺装				
	1	桥面铺装				
	2	钢筋制作安装				
	3	桥面防腐木面安装				
三、		金属扶手带栏杆				
	1	金属栏杆				
四、		堆石驳岸				
	1	堆石驳岸				

② 列出工程量计算公式、计算过程以及计量单位，与定额要求工程量计算规则要一致。

分项工程项目名称列出后，根据施工图4-4所示的部位、尺寸和数量，按照工程量计算规则，分别列出工程量计算公式，调整计量单位，如果施工图上的计量单位与预算定额的计量单位不同，应该换算成一致的。例如金属栏杆安装，定额的单位为100m，计算得出的数值为27200mm，因此表内应填写0.272。其他项目以此类推。计算出工程量，数值精度要一致，一般保留小数点后面两位数字，填入表4-24。

表 4-24 工程量计算表

序号		分项工程名称	单位	计算公式	工程数量	备注
一、		桥基础-灌注桩工程				
	1	人工挖土灌注桩	m³	$V=(S_{底1}+S_{底2})\times H\times 4=(3.14\times 0.45^2+3.14\times 0.55^2)\times 1.81\times 4$	1.15	
	2	埋设钢护筒	10m	$1.46\times 8=11.68$	1.17	
	3	泥浆制作	m³	$V=(V_{柱1}+V_{柱2}+V_{台1})\times 4+(V_{柱1}+V_{柱3}+V_{台2})\times 4=3.04$	0.30	
	4	灌注混凝土	m³	$V=(V_{柱1}+V_{柱2}+V_{台1})\times 4+(V_{柱1}+V_{柱3}+V_{台2})\times 4=3.04$	0.30	
	5	钢筋制作安装	T	$\phi 10$ 的 71.36kg，$\phi 6$ 的 8.88kg	0.08	
二、		桥面铺装				
	1	桥面铺装	m³	$V_{框架梁}=S_{底}\times H\times 2=2.176m^3$ $V_{楼板}=S_{底}\times H=2.652m^3$	0.48	
	2	钢筋制作安装	T	106.57kg	0.11	
	3	桥面防腐木面安装	10m²	$S=W\times L=13600\times 1700=23.1m^2$	2.31	
三、		金属扶手带栏杆				
	1	金属栏杆	100m	$13600\times 2=27200$	0.27	
四、		堆石驳岸				
	1	堆石驳岸	项	估价	1	

注：钢筋的单位质量是通过查圆钢理论重量表得知。

③ 校正核准

园路工程工程量计算完毕经校正核准后，就可以填写定额计价投标报价编制表。

第四节　堆砌假山及塑山工程工程量计算规则以及实例

堆砌假山是园林中以数量较多的山石堆叠而成的具有天然山体形态的假山造型，又称"迭石"（叠石）或"山"，也称叠山，是我国的一门古老艺术，是园林建设中不可缺少的组成部分，它通过造景、托景、陪景、借景等手法，使园林环境千变万化，气魄更加宏伟壮观，景色更加宜人。它不是简单的山石堆垒，而是模仿真山风景，突出真山气势，具有林泉丘壑之美，是大自然景色在园林中的缩影。

下面以《黑龙江省建设工程计价依据2010》为例简要介绍假山及塑山工程计算规则。

一、假山及塑山工程工程计价定额的相关规定

① 堆砌石假山、塑假山定额中均未包括基础部分。

② 堆砌假山包括堆筑土山丘和堆砌石假山。

③ 假山顶部仿孤块峰石，是指人工叠造的独立峰石。在假山顶部突出的石块，不得执行人造独峰定额。

④ 人造独立峰的高度是指从峰底着地地坪算至峰顶的高度。峰石、石笋的高度，按其石料长度计算。

⑤ 砖骨架塑假山定额中，未包括现场预制混凝土板的制作费用，包括混凝土板的现场运输及安装。

⑥ 钢骨架塑假山定额中，不包括钢骨架刷油费用。

⑦ 定额不包括采购山石的勘察、选石费用，发生时由建设单位负担，不列入工程造价。

⑧ 山石台阶是指独立的、零星的山石台阶踏步。

⑨ 定额中已包括了假山工程石料100m以内的运距，超过100m时，按人工石料定额执行。

二、假山及塑山工程量计算规则

1. 堆砌石假山的工程量

按下列公式以吨为单位计算。假山工程量计算公式：

$$W_1 = A \times H_1 \times R \times K_n \qquad\qquad (式4-1)$$

式中　W_1——假山质量（t）；

　　　A——假山平面轮廓的水平投影面积（m^2）；

　　　H_1——假山着地点至最高顶点的垂直距离（m）；

　　　R——石料比重：黄（杂）石2.6t/m^3，湖石2.2t/m^3；

　　　K_n——折算系数：高度在2m以内时，$K_n=0.65$；高度在4m以内时，$K_n=0.56$。

2. 峰石、景石的工程量

按实际使用石料数量以吨为单位计算。

$$W_2 = L \times B \times H_2 \times R \qquad\qquad (式4-2)$$

　　　W_2——山石单体质量（t）；

　　　L——长度方向的平均值（m）；

　　　B——宽度方向的平均值（m）；

H_2——高度方向的平均值（m）；

R——石料比重：黄（杂）石 2.6t/m³。

3. 山皮料塑假山

按山皮料的展开面积以平方米计算；骨架塑假山按外形的展开面积以平方米计算。

三、假山及塑山工程量计算实例

1. 堆筑土山丘

根据图 4-5 所示的假山工程施工放线图和结构设计图，计算该假山工程的工程量。

(1) 收集编制工程预算的各类依据资料

具体包括预算定额、材料预算价格、机械台班费、工程施工图及有关文件等。

(2) 阅读施工图及施工说明书，熟悉施工内容

由施工图及施工说明可知，需要堆筑的土山丘水平投影外接矩形的长 16m，宽 10m，假山高 6m。

(3) 根据定额工程量计算规则和施工图（图 4-5）计算工程量

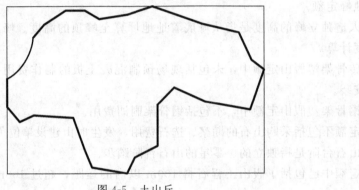

图 4-5　土山丘

① 列出分项工程项目名称，与计算格式一致，按顺序进行排列。根据图 4-5 所示的假山施工图和园林绿化工程工程量计算规则并结合施工方案的有关内容，结合 ［黑龙江省建设工程计价依据《园林绿化工程计价定额》（2010 年）］定额项目划分，划分工程项目。按照施工顺序计算工程量，逐一列出图 4-5 假山施工图预算的分项工程项目名称（简称列项）。所列的分项工程项目名称必须与预算定额中相应项目名称一致。填入工程量计算表，项目名称见表 4-25。

表 4-25　工程量计算表

序号		分项工程名称	单位	计算公式	工程数量	备　注
一、		堆砌假山				
	1	平整场地				
	2	堆筑土山丘				
	3	人工修整土山丘				

② 列出工程量计算公式、计算过程以及计量单位，与定额要求工程量计算规则要一致。分项工程项目名称列出后，根据施工图 4-5 所示的部位、尺寸和数量，按照工程量计算规则，分别列出工程量计算公式，调整计量单位，如果施工图上的计量单位与预算定额的计量

单位不同，应该换算成一致的。例如平整场地单位是 100m^2，计算出的结果为 160m^2，换算完填入表内的数额为 1.6。其他项目以此类推。计算出工程量，数值精度要一致，一般保留小数点后面两位数字，填入表 4-26。

表 4-26　工程量计算表

序号		分项工程名称	单位	计算公式	工程数量	备注
一、		**堆砌假山**				
	1	平整场地	100m^2	$S = W \times L = 16 \times 10$	1.6	
	2	堆筑土山丘	m^3	$V_堆 = W \times L \times H = 16 \times 10 \times 6 =$	960	
	3	人工修整土山丘	m^3	$V_堆 = W \times L \times H = 16 \times 10 \times 6 =$	960	

③ 校正核准　假山工程工程量计算完毕经校正核准后，就可以填写定额计价投标报价编制表。

2. 堆砌石假山

根据图 4-6 所示的假山工程施工放线图和结构设计图，计算该假山工程的工程量。

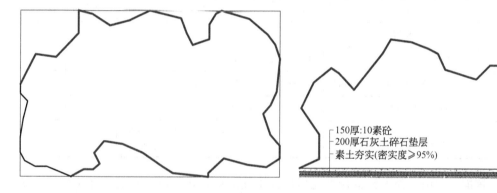

150厚:10素砼
200厚石灰土碎石垫层
素土夯实(密实度≥95%)

图 4-6　石假山

(1) 收集编制工程预算的各类依据资料

具体包括预算定额、材料预算价格、机械台班费、工程施工图及有关文件等。

(2) 阅读施工图及施工说明书，熟悉施工内容

由施工图及施工说明可知，需要堆筑的石假山山高为 3.8m，长 8m，宽为 5m，投影面积为 33m^2。山石材料为黄石。假山下面为混凝土基础，150mm 厚 C10 混凝土，200mm 厚石灰、土、碎石垫层，1:3 水泥砂浆砌山石。

(3) 根据定额工程量计算规则和施工图（图 4-6）计算工程量

① 列出分项工程项目名称，与计算格式一致，按顺序进行排列。根据图 4-6 所示的假山施工图和园林绿化工程工程量计算规则并结合施工方案的有关内容，结合［黑龙江省建设工程计价依据《园林绿化工程计价定额》（2010 年）］定额项目划分，划分工程项目。按照施工顺序计算工程量，逐一列出图 4-6 假山施工图预算的分项工程项目名称（简称列项）。所列的分项工程项目名称必须与预算定额中相应项目名称一致。填入工程量计算表，项目名称见表 4-27。

表 4-27　工程量计算表

序号		分项工程名称	单位	计算公式	工程数量	备　注
一、		**堆砌假山**				
	1	平整场地				
	2	石灰、土、碎石基层厚 200mm				
	3	150mm 厚 C10 混凝土				
	4	堆砌石假山				

②　列出工程量计算公式、计算过程以及计量单位，与定额要求工程量计算规则要一致。分项工程项目名称列出后，根据施工图 4-6 所示的部位、尺寸和数量，按照工程量计算规则，分别列出工程量计算公式，调整计量单位，如果施工图上的计量单位与预算定额的计量单位不同，应该换算成一致的。例如平整场地单位是 $100m^2$，计算出的结果为 $160m^2$，换算完填入表内的数额为 1.6。其他项目以此类推。计算出工程量，数值精度要一致，一般保留小数点后面两位数字，填入表 4-28。

表 4-28　工程量计算表

序号		分项工程名称	单位	计算公式	工程数量	备　注
一、		**堆砌假山**				
	1	平整场地	$100m^2$	$S=W \times L=8 \times 5$	0.4	
	2	石灰、土、碎石基层厚 $200mm^2$	$100m^2$	$S=W \times L=8 \times 5$	0.4	
	3	150mm 厚 C10 混凝土	$100m^2$	$S=W \times L=8 \times 5$	0.4	
	4	堆砌石假山	10T	$W_1=A \times H_1 \times R \times K_n=32$ $\times 3.8 \times 2.6 \times 0.56=177.05$	17.71	

③　校正核准　假山工程工程量计算完毕经校正核准后，就可以填写定额计价投标报价编制表。

3. 塑假山

根据图 4-7 所示的假山工程施工放线图和结构设计图，计算该假山工程的工程量。

(1) 收集编制工程预算的各类依据资料

具体包括预算定额、材料预算价格、机械台班费、工程施工图及有关文件等。

(2) 阅读施工图及施工说明书，熟悉施工内容

由施工图及施工说明可知，需要塑筑采用砖骨架，山高为 5.9m，底面近正方形，边长 5m，整体形状接近于四棱柱形。假山下面为混凝土基础，150mm 厚 C10 混凝土，200mm 厚石灰、土、碎石垫层，假山上有人工安置景石 2 块，平均长 1.7m，宽 1.3m，高 1.5m；另行点布石 3 块平均长 1.2m，宽 0.8m，高 0.9m；风景石和点布石为黄石。

(3) 根据定额工程量计算规则和施工图（图 4-7）计算工程量

①　列出分项工程项目名称，与计算格式一致、按顺序进行排列。根据图 4-7 所示的假山施工图和园林绿化工程工程量计算规则，并结合施工方案的有关内容，结合［黑龙江省建设工程计价依据《园林绿化工程计价定额》（2010 年）］定额项目划分，划分工程项目。按照施工顺序计算工程量，逐一列出图 4-7 假山施工图预算的分项工程项目名称（简称列项）。

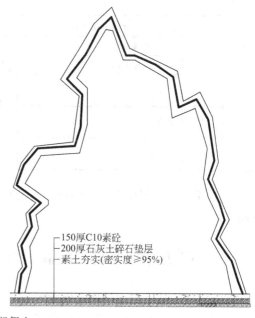

150厚C10素砼
200厚石灰土碎石垫层
素土夯实(密实度≥95%)

图 4-7　塑假山

所列的分项工程项目名称必须与预算定额中相应项目名称一致。填入工程量计算表，项目名称见表 4-29。

表 4-29　工程量计算表

序号		分项工程名称	单位	计算公式	工程数量	备　注
一、		**塑筑假山**				
	1	平整场地				
	2	石灰、土、碎石基层厚 200mm				
	3	150mm 厚 C10 混凝土				
	4	塑筑假山				
	5	景石				
	6	点布石				

② 列出工程量计算公式、计算过程以及计量单位，与定额要求工程量计算规则要一致。分项工程项目名称列出后，根据施工图 4-7 所示的部位、尺寸和数量，按照工程量计算规则，分别列出工程量计算公式，调整计量单位，如果施工图上的计量单位与预算定额的计量单位不同，应该换算成一致的。例如平整场地单位是 $100m^2$，计算出的结果为 $25m^2$，换算完填入表内的数额为 0.25。其他项目以此类推。计算出工程量，数值精度要一致，一般保留小数点后面两位数字，填入表 4-30。

表 4-30　工程量计算表

序号		分项工程名称	单位	计算公式	工程数量	备　注
一、		**塑筑假山**				
	1	平整场地		$S=a^2=5^2=25$	0.25	
	2	石灰、土、碎石基层厚 200mm		$S=a^2=5^2=25$	0.25	

序号		分项工程名称	单位	计算公式	工程数量	备注
一、		**塑筑假山**				
	3	150mm 厚 C10 混凝土	100m^2	$S=a^2=5^2=25$	0.25	
	4	塑筑假山	10m^2	$S=a^2+a \times h \times 4=5^2+5 \times$ $5.9 \times 4=143$	14.3	
	5	景石	T	$W_2=L \times B \times H_1 \times R=1.7 \times$ $1.3 \times 1.5 \times 2.6 \times 2=17.238$	17.24	
	6	点布石	T	$W_2=L \times B \times H_1 \times R=1.2 \times$ $0.8 \times 0.9 \times 2.6 \times 3=6.739$	6.74	

③ 校正核准　假山工程工程量计算完毕经校正核准后，就可以填写定额计价投标报价编制表。

第五节　园林小品工程工程量计算规则以及实例

园林附属小品工程是园林建设中不可缺少的重要元素，它包括喷泉、花架廊道、景墙景桥、花坛凉亭登，在园林中往往构成园林主景。

下面以《黑龙江省建设工程计价依据 2010》为例简要介绍园林小品工程工程量计价定额的相关规定。

一、园林小品工程工程量计价定额的相关规定

(1) 园林景观工程中土石方、混凝土结构等按《黑龙江省建设工程计价依据（建筑工程计价定额）》相应项目执行。

(2) 园林小品是指园林建设中的工艺点缀品，艺术性较强。

(3) 定额中木材以自然状态干燥为准，如需烘干时，其费用另计。

(4) 坐凳楣子、吊挂楣子级别划分：普通级包括：灯笼锦、步步锦花式；中级包括：盘肠、正万字、拐子锦、龟背锦花式；高级包括：斜万字、冰裂纹、金钱如意心花式。

(5) 麦草、山草、茅草、树皮屋面，不包括檩、椽，应另行计算。

(6) 塑树根和树皮按一般造型考虑，如有特殊的艺术造型（如树枝、老松皮、寄生等）另行计算。

(7) 塑楠竹、金丝竹按每条长度 1.5m 以上编制，如每条长度在 1.5m 以内时，工日乘以系数 1.5。

(8) 古式木窗制作安装：

① 木窗窗扇毛料规格为边挺 5.5cm×7.5cm，如与设计不同时，可进行换算，其他不变。

② 木窗如做无框固定窗时，每平方米窗扇面积增加板方材 0.017m^2，其他不变。

③ 木长窗框毛料规格为上下坎 11.9cm×22cm，抱枕 9.5cm×10.5cm，如与设计不同时，可进行换算，摇梗、楹子、窗闩等附属材料不变。

④ 木短窗框毛料规格为上下坎 11.5cm×11.5cm，抱枕 9.5cm×10.5cm，以下连楹为准。如用上下连楹时，每米增加板方材 0.001m^3；如全部用短楹时，每米扣除板方材 0.001m^3，其他不变。

二、园林小品工程工程量计算规则

（1）原木构件定额中木柱、梁、檩按设计图示尺寸以立方米计算，包括榫长，定额中所注明的木材断面或厚度均以毛料为准，如设计图纸注明的断面或厚度为净料时，应增加刨光损耗，板、方材一面刨光增加 3mm，两面刨光增加 5mm，圆木每立方米体积增加 0.05m³。

（2）树皮、草类屋面按设计图示尺寸以斜面面积计算。

（3）喷泉管道支架按吨计算。螺栓、螺母已包括在定额中，不计算工程量。

（4）梁柱面塑松（杉）树皮及塑竹按设计图示尺寸以梁柱外表面积计算。

（5）塑树根、楠竹、金丝竹分不同直径按延长米计算。塑楠竹、金丝竹直径超过 150mm 时，按展开面积计算，执行梁柱面塑竹定额。

（6）树身（树头）和树根连塑，应分别计算工程量，套相应定额。

（7）须弥座装饰按垂直投影面积以平方米计算。

（8）古式木窗框制作按窗框长度以延长米计算。古式木窗按扇制作、古式木窗框扇安装均按窗扇面积以平方米计算。

三、园林小品工程量计算实例

1. 喷泉工程

喷泉工程是指在庭园、广场、景点的喷泉安装，不包括水型的调试费和程序控制费用。该工程定额包括：管道煨弯、管架制作与安装、喷泉喷头安装、水泵保护罩制作安装等 4 节 28 个子目。管道煨弯定额价格不包括管道的费用。管架项目适用于单件重量为 100kg 以内的制作与安装，并包括所需的螺栓、螺母本身价格，煨弯以个为单位计算；木垫式管架，不包括木垫重量，但木垫的安装工料已包括在定额内。弹簧式管架，不包括弹簧本身，其本身价格另行计算，管道支架按管架型式以吨计算；喷头安装是按一般常用品种规格编制的，如与定额项目不同时，可另行计算，按不同种类、型号以个计算；水泵保护罩制作安装按不同规格以个计算；喷泉给水管道安装、阀门安装、水泵安装等给水工程，按设计要求，执行《给水、排水工程》定额；电缆敷设、电气控制系统、灯具安装等电气安装，《电气工程》定额。

根据图 4-8 所示的喷泉工程施工放线图和结构设计图，计算该喷泉工程的工程量。

（1）收集编制工程预算的各类依据资料

具体包括预算定额、材料预算价格、机械台班费、工程施工图及有关文件等。

（2）阅读施工图及施工说明书，熟悉施工内容

由施工图 4-8 及施工说明可知，该喷泉直径 10m，管道采用螺纹连接的焊接钢管材料，管架采用一般管架，泵房距离喷泉中心 20m；喷头圆形排列，直径为 7m；装有溢流管和泄水管；池壁、底厚 50cm，池为半地下式，池高 1.5m；其他尺寸见图上标注。

（3）根据定额工程量计算规则和施工图（图 4-8）计算工程量

① 列出分项工程项目名称，与计算格式一致、按顺序进行排列。根据图 4-8 所示的喷泉工程施工图和园林小品工程工程量计算规则并结合施工方案的有关内容，结合［黑龙江省建设工程计价依据《园林绿化工程计价定额》（2010 年）］定额项目划分，划分工程项目。按照施工顺序计算工程量，逐一列出图 4-8 喷泉施工图预算的分项工程项目名称（简称列项）。所列的分项工程项目名称必须与预算定额中相应项目名称一致。填入工程量计算表，

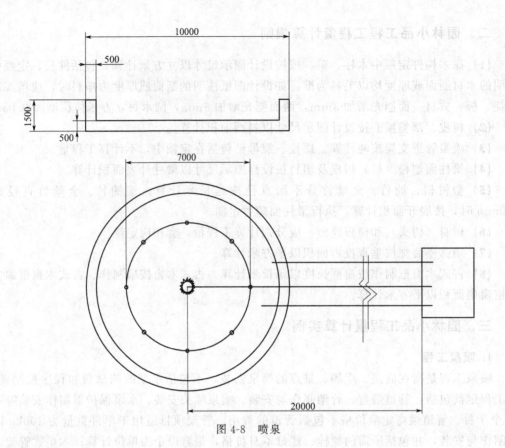

图 4-8 喷泉

项目名称见表 4-31。

表 4-31 工程量计算表

序号		分项工程名称	单位	计算公式	工程数量	备 注
一、		构筑物				
	1	现浇混凝土池				
	2	防水工程				
二、		喷泉安装				
	1	管道煨弯				
	2	管架制作与安装				
	3	喷泉喷头安装				
	4	水泵保护罩制作安装				

② 列出工程量计算公式、计算过程以及计量单位，与定额要求工程量计算规则要一致。分项工程项目名称列出后，根据施工图 4-8 所示的部位、尺寸和数量，按照工程量计算规则，分别列出工程量计算公式，调整计量单位，如果施工图上的计量单位与预算定额的计量单位不同，应该换算成一致的。计算出工程量，数值精度要一致，一般保留小数点后面两位数字，填入表 4-32。

③ 校正核准 园路工程工程量计算完毕经校正核准后，就可以填写定额计价投标报价编制表。

表 4-32　工程量计算表

序号		分项工程名称	单位	计算公式	工程数量	备注
一、		构筑物				
	1	现浇混凝土池	$10m^3$	$V=\pi\times(R^2-r^2)H_1+\pi r^2\times H_2=3.14\times(5^2-4.5^2)\times1.5+3.14\times4.5^2\times0.5=54.17$	5.42	
	2	防水工程	$100m^2$	$S=\pi r^2+\pi H_1\times2r=91.85$	1.05	
二、		喷泉安装				
	1	管道煨弯	个	9	9	
	2	管架制作与安装	T	$58\times4.367/10=25.33kg$	0.025	
	3	喷泉喷头安装	套		9	
		柱顶白喷头	套		1	
		喇叭花喷头	套		4	
		扇形喷头	套		4	
	4	水泵保护罩制作安装	个		1	

注：管材的用量和价格未在此列出；注：10m 支架重量 4.367kg。

2. 花架工程

花架是用刚性材料构成一定形状的格架，供攀缘植物攀附的园林设施，又称棚架、绿廊。花架可作遮阳休息之用，并可点缀园景。花架设计要了解所配置植物的原产地和生长习性，以创造适宜于植物生长的条件和造型的要求。现在的花架，有两方面作用：一方面供人驻足休息、欣赏风景；一方面创造攀援植物生长的条件。花架工程施工图预算关键在于工程量的计算。工程量的计算主要参照建筑工程定额的相应项目，然后就可以进行工程预算书和造价计算表的编制。在园林建筑小品预算时经常会用到挖沟槽和挖基坑及挖土方的工程量计算，花架的基础工程量计算就属于挖基坑。

根据图 4-9 所示的花架工程施工放线图和结构设计图，计算该花架工程的工程量。

(1) 收集编制工程预算的各类依据资料

具体包括预算定额、材料预算价格、机械台班费、工程施工图及有关文件等。

(2) 阅读施工图及施工说明书，熟悉施工内容

由施工图 4-9 及施工说明可知，该花架为木花架结构，由柱、梁、檩条三部分组成。花架整体长 12m，宽 2.5m，高 2.7m。共有两排立柱，每排 7 根，上面有两根梁，下面有两根梁，顶部 13 根檩条，具体尺寸见图 4-9 上标注。基坑 $1m^3$ 左右，深 0.8m。

(3) 根据定额工程量计算规则和施工图（图 4-9）计算工程量

① 列出分项工程项目名称，与计算格式一致、按顺序进行排列。根据图 4-9 所示的花架工程施工图和园林小品工程工程量计算规则并结合施工方案的有关内容，结合 [黑龙江省建设工程计价依据《园林绿化工程计价定额》（2010 年）] 定额项目划分，划分工程项目。按照施工顺序计算工程量，逐一列出图 4-9 花架工程预算的分项工程项目名称（简称列项）。所列的分项工程项目名称必须与预算定额中相应项目名称一致。填入工程量计算表，项目名称见表 4-33。

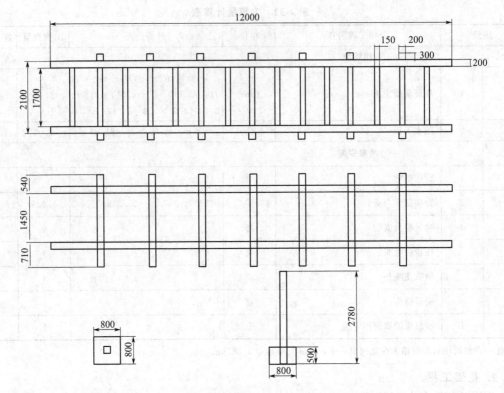

图 4-9 花架

表 4-33 工程量计算表

序号		分项工程名称	单位	计算公式	工程数量	备注
一、		平整场地				
	1	人工平整场地				
二、		挖土方				
	1	人工挖基坑				
三、		花架-木花架				
	1	柱				
	2	梁				
	3	檩条				

② 列出工程量计算公式、计算过程以及计量单位，与定额要求工程量计算规则要一致。分项工程项目名称列出后，根据施工图 4-9 所示的部位、尺寸和数量，按照工程量计算规则，分别列出工程量计算公式，调整计量单位，如果施工图上的计量单位与预算定额的计量单位不同，应该换算成一致的。计算出工程量，数值精度要一致，一般保留小数点后面两位数字，填入表 4-34。

③ 校正核准　花架工程工程量计算完毕经校正核准后，就可以填写定额计价投标报价编制表。

表 4-34　工程量计算表

序号		分项工程名称	单位	计算公式	工程数量	备　注
一、		平整场地				
	1	人工平整场地	$100m^2$	$S = W \times L = (12+4) \times (2.5+4) = 104$	1.04	
二、		挖土方				
	1	人工挖基坑	$100m^3$	$V_{土方} = W \times L \times H \times 14 = 1 \times 1 \times 0.8 \times 14 = 11.2$	0.112	
三、		花架——木花架				
	1	柱	m^3	$V_{柱} = W \times L \times H \times 14 = (0.2+0.005) \times (0.2+0.005) \times (2.7+0.8) \times 14 = 2.06$	2.06	
	2	梁	m^3	$V_{梁} = W \times L \times L \times 4 = (0.2+0.005) \times (0.1+0.005) \times 12 \times 4 = 1.03$	1.03	
	3	檩条	m^3	$V_{檩条} = W \times L \times L \times 4 = (0.15+0.005) \times (0.08+0.005) \times 2.5 \times 13 = 0.43$	0.43	

注：方材两面刨光各增加 5mm，平整场地周围增加 2m。

3. 花坛工程

花坛是在一定范围的畦地上按照整形式或半整形式的图案栽植观赏植物以表现花卉群体美的园林设施。在具有几何形轮廓的植床内，种植各种不同色彩的花卉，运用花卉的群体效果来表现图案纹样或观盛花时绚丽景观的花卉运用形式，以突出色彩或华丽的额纹样来表示装饰效果。有几种不同的分类方法：按其形态可分为立体花坛和平面花坛两类。平面花坛又可按构图形式分为规则式、自然式和混合式三种；按观赏季节可分为春花坛、夏花坛、秋花坛和冬花坛；按栽植材料可分为一、二年生草花花坛、球根花坛、水生花坛、专类花坛（如菊花坛、翠菊花坛）等；按表现形式可分为：花丛花坛，是用中央高、边缘低的花丛组成色块图案，以表现花卉的色彩美；绣花式花坛或模纹花坛，以花纹图案取胜，通常是以矮小的具有色彩的观叶植物为主要材料，不受花期的限制，并适当搭配些花朵小而密集的矮生草花，观赏期特别长；按花坛的运用方式可分为单体花坛、连续花坛和组群花坛。现代又出现移动花坛，由许多盆花组成，适用于铺装地面和装饰室内。

(1) 花坛工程主要是砌筑工程，定额中砌筑工程有如下说明：

① 砖的规格是按标准砖编制的，规格不同时可以换算。

② 砖砌体均包括原浆勾缝用工，加浆勾缝时，另按装饰定额计算。

③ 小型砌体包括花台、花池等。

④ 标准砖以 240mm×115mm×53mm 为准，标准砖墙厚度可按照表 4-35 计算。

表 4-35　标准砖墙计算厚度

砖数	1/4	2/4	3/4	1	1.5	2	2.5	3
计算厚度/mm	53	115	180	240	365	490	615	740

⑤ 使用非标准砖时，其砌体厚度应按实际规格和设计厚度计算。

⑥ 基础与墙身（柱身）使用同一材料时，以设计室内地面为界，以下为基础，以上墙（柱）身。

⑦ 基础与墙身（柱身）使用不同材料时，位于设计室内地面±300mm 以内时，以不同材料为分界线，超过±300mm 时，以设计室内地面为界线。

(2) 砌筑工程和装饰工程工程量计算规则

① 砖基础按设计图示尺寸以体积计算，不扣除单个面积 0.3m³ 以内的孔洞所占体积。

② 关于基础长度，外墙墙基按外墙中心线长度计算，内墙墙基按内墙墙基净长度计算。

③ 单个面积超过 0.3m² 的孔洞所占体积应予以扣除。

④ 墙体均按设计图示尺寸以体积计算。

⑤ 零星砖砌体按设计图示尺寸以体积计算。

⑥ 台阶、花台应按零星砖砌项目计算。

⑦ 抹灰按设计图示以面积计算。

⑧ 装饰贴面按设计图示以面积计算。

(3) 根据图 4-10 所示的花坛工程施工放线图和结构设计图，计算该花坛工程的工程量。

① 收集编制工程预算的各类依据资料　具体包括预算定额、材料预算价格、机械台班费、工程施工图及有关文件等。

② 阅读施工图及施工说明书，熟悉施工内容　由施工图及施工说明可知，该花坛为双层圆形花坛，第一层高 0.65m，直径为 10m；第二层高 1.2m，直径为 8m，砖墙厚度为 0.365m。基础部分分为四层：300mm 厚 C10 混凝土，100mm 厚碎石基层，150mm 厚石灰土基层，素土夯实。结构采用红砖砌筑，墙面外侧地面以上采用水刷石装饰。

③ 根据定额工程量计算规则和施工图（图 4-10）计算工程量

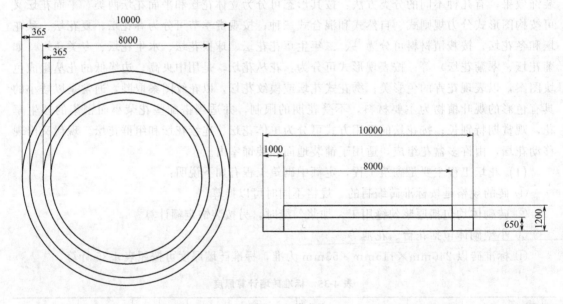

图 4-10　花坛

a. 列出分项工程项目名称，与计算格式一致、按顺序进行排列。根据图 4-10 所示的花坛工程施工图和园林小品工程工程量计算规则并结合施工方案的有关内容，结合黑龙江省建设工程计价依据《园林绿化工程计价定额》（2010 年）定额项目划分，划分工程项目。按照施工顺序计算工程量，逐一列出图 4-10 花坛工程预算的分项工程项目名称（简称列项）。所列的分项工程项目名称必须与预算定额中相应项目名称一致。填入工程量计算表，项目名称见表 4-36。

表 4-36　工程量计算表

序号	分项工程名称	单位	计算公式	工程数量	备注
一、	平整场地				
1	人工平整场地				
二、	挖土方				
1	人工挖基坑				
三、	基础				
1	300mm 厚 C10 混凝土				
2	100mm 厚碎石基层				
3	150mm 厚石灰土基层				
4	素土夯实				
四、	砖砌小品				
1	砌筑				
2	抹灰				
3	小品装饰				

b. 列出工程量计算公式、计算过程以及计量单位，与定额要求工程量计算规则要一致。分项工程项目名称列出后，根据施工图 4-10 所示的部位、尺寸和数量，按照工程量计算规则，分别列出工程量计算公式，调整计量单位，如果施工图上的计量单位与预算定额的计量单位不同，应该换算成一致的。计算出工程量，数值精度要一致，一般保留小数点后面两位数字，填入表 4-37。

表 4-37　工程量计算表

序号	分项工程名称	单位	计算公式	工程数量	备注
一、	平整场地				
1	人工平整场地	$100m^2$	$S=3.14\times(5+2)^2=153.86$	1.54	
二	挖土方				
1	人工挖基坑	$100m^3$	$V=S\times H=3.14\times5^2\times0.28=21.98$	0.22	
三	基础				
1	300mm 厚 C10 混凝土	$100m^2$	$V=3.14\times5^2=78.5$	0.79	
2	100mm 厚碎石基层	$100m^2$	$V=3.14\times5^2=78.5$	0.79	
3	150mm 厚石灰土基层	$100m^2$	$V=3.14\times5^2=78.5$	0.79	
4	素土夯实	$100m^2$	$V=3.14\times5^2=78.5$	0.79	
四	砖砌小品				
1	砌筑	m^3	$V=V_大+V_小=\pi\times[R^2-(R-0.365)^2]\times H+\pi\times[r^2-(r-0.365)^2]\times h=17.69$	17.69	
2	抹水泥砂浆	m^2	$S=S_大+S_小=\pi\times[R^2-(R-0.365)^2]+D\times H+(D-0.365\times2)\times H+\pi\times[r^2-(r-0.365)^2]+d\times h+(d-0.365\times2)\times h=116.67$	116.67	
3	小品装饰	m^2	$S=S_大+S_小=\pi\times[R^2-(R-0.365)^2]+D\times H+(D-0.365\times2)\times H+[r^2-(r-0.365)^2]+d\times h+(d-0.365\times2)\times h=116.67$	116.67	

注：平整场地周围增加 2m。

c. 校正核准　花坛工程工程量计算完毕经校正核准后，就可以填写定额计价投标报价编制表。

第六节　园林工程定额计价法编制实例

某街心公园如图 4-11 所示，图 4-11 为总平面图，从这张图上可以看出公园绿化的具体布置、面积大小、包含多少园林要素等；表 4-38 是苗木规格表，标明所用植物的规格和数量，便于计算工程量和正确套用定额。从这些图可以看出要建造这样的一个街心公园，在开工前必须计算出该工程所需的人工费、材料费、机械费等费用（可称为工程造价），而工程造价计算的过程就是园林工程预算。

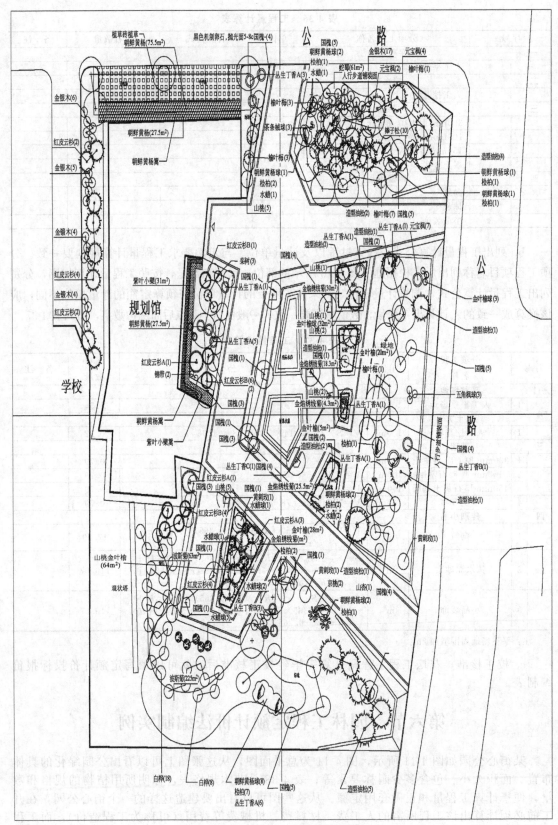

图 4-11 某街心公园总平面图

表 4-38 苗木规格表

序号	品种	规格			数量	单位	备注
		胸径/cm	高度/cm	冠幅/cm			
1	红皮云杉 A	9～10	651～700	221～250	5	株	带土球 60cm
2	红皮云杉 B	5～6	451～500	201～220	7	株	
3	造型油松	17～18	451～500	251～300	22	株	
4	白桦	10～12	451～500	200	26	株	
5	国槐 A	17～18	451～500		10	株	
6	国槐 B	14～16	401～450	350	34	株	
7	栾树	8～10	351～400	300	3	株	
8	京桃稠李	8～10	351～400	251～300	2	株	
9	山杏	8～10	351～400	200	1	株	
10	丛生丁香 A		201～250	201～250	19	株	
11	丛生丁香 B		121～150	121～150	4	株	
12	丛生丁香 C		61～80	61～80	1	株	
13	黄刺玫		201～250	201～250	3	株	
14	榆叶梅		171～180	171～180	15	株	
15	朝鲜黄杨球		81～120	81～120	19	株	
16	桧柏球		81～100	81～100	18	株	
17	水蜡球		81～100	81～100	4	株	
18	五角枫球		81～100	81～100	3	株	
19	金叶榆球		150	150	3	株	
20	红叶小檗		51～70		23	m²	25 株/m²
21	朝鲜黄杨		41～60		19	m²	25 株/m²
22	金叶榆		41～50		149	m²	25 株/m²
23	早熟禾					m²	
24	草炭土					m³	

一、计算工程量

根据所给施工图，确定该单位工程具有三个分部工程，分别为绿化工程、园路广场工程、园林小品即喷泉工程。下面分别计算其工程量。

1. 绿化工程

绿化工程量计算表见表 4-39。

表 4-39 绿化工程量计算表

序号		分项工程名称	单位	计算公式	工程数量	备注
一、		**整理绿地**				
	1	清除草皮	10m²	$S=W\times L=(82+2)\times(96.5+2)=8274$	827.4	
	2	整理绿化用地	10m²	$S=W\times L=(82+2)\times(96.5+2)=8274$	827.4	

序号		分项工程名称	单位	计算公式	工程数量	备注
二、		**栽植花木**				
	(一)	栽植乔木(含起挖)				
	1	红皮云杉A	株		5	
	2	红皮云杉B	株		7	
	3	造型油松	株		22	
	4	白桦	株		26	
	5	国槐A	株		10	
	6	国槐B	株		34	
	7	栾树	株		3	
	8	京桃稠李	株		2	
	9	山杏	株		1	
	(二)	栽植灌木(含起挖)				
	1	丛生丁香A	株		19	
	2	丛生丁香B	株		4	
	3	丛生丁香C	株		1	
	4	黄刺玫	株		3	
	5	榆叶梅	株		15	
	6	朝鲜黄杨球	株		19	
	7	桧柏球	株		18	
	8	水蜡球	株		4	
	9	五角枫球	株		3	
	10	金叶榆球	株		3	
	11	红叶小檗	m²		23	
	12	朝鲜黄杨	m²		19	
	13	金叶榆	m²		149	
	(三)	片植绿篱				
	1	片植灌木绿篱	10m²	191	19.1	
	(四)	喷播植草	10m²	4680	468	
	(五)	树木支撑	株		110	
	(六)	人工换土	株		199	
三		**养护**				
	(一)	浇水				
	1	绿地内树木水管浇水	100株		1.99	
	2	纹样篱浇水	10m²		19.1	
	3	草坪浇水	100m²		46.8	
	(二)	整形修剪				
	1	树木整形修剪	100株		1.99	

序号		分项工程名称	单位	计算公式	工程数量	备注
	2	乔木疏枝修剪	100 株		1.1	
	3	亚乔木及灌木修剪	100 株		0.89	
	4	绿篱修剪	10m²		19.1	
	5	草坪修剪	100m²		46.8	
四		**其他**				
	1	草坪除杂草及绿地松土	100m²		46.8	
	2	树木松土施肥	100 株		1.99	
	3	树干涂白	株		110	

2. 园路及广场工程

园路及广场工程计算表见表 4-40。

表 4-40 园路及广场工程计量表

序号		分项工程名称	单位	计算公式	工程数量	备注
一、		**园内土路**				
	（一）	路基处理			1059	
	1	弹软土基处理	10m³	$V = S \times H = 1059 \times 0.15 = 158.9$	15.89	
	（二）	道路基层				
	1	石灰稳定土厚 200mm	100m²	通过 CAD 软件求和得 $S = 1059$	10.59	
	2	石灰、土、碎石基层厚 200mm	100m²	通过 CAD 软件求和得 $S = 1059$	10.59	
	（三）	道路面层				
	1	沥青贯入式路面	100m²	通过 CAD 软件求和得 $S = 1059$	10.59	
二、		**广场铺设**				
	（一）	基础处理				
	1	弹软土基处理	10m²	$V = S_底 \times H = 967 \times 0.15 = 145.1$	14.51	
	（二）	广场基层				
	1	石灰、土、碎石基层厚 200mm	100m²	通过 CAD 软件求和得 $S = 967$	9.67	
	（三）	广场面层				
	1	花岗岩铺设	100m²	通过 CAD 软件求和得 $S = 967$	9.67	
三		**人行步道路面铺设**				
	1	垫层		$V = S_底 \times H = 931 \times 0.15 = 139.7$	13.97	
	2	水泥干拌沙结合层	100m²	通过 CAD 软件求和得 $S = 967$	9.67	
	3	干铺块料	100m²	通过 CAD 软件求和得 $S = 967$	9.67	
四		**停车场铺设**				
	1	弹软土基处理	10m³	$V = S_底 \times H = 156 \times 0.15 = 23.4$	2.34	
	2	石灰稳定土厚 200mm	100m²	通过 CAD 软件求和得 $S = 156$	1.56	
	3	石灰、土、碎石基层厚 200mm	100m²	通过 CAD 软件求和得 $S = 156$	1.56	
	4	沥青贯入式路面	100m²	通过 CAD 软件求和得 $S = 156$	1.56	

序号		分项工程名称	单位	计算公式	工程数量	备 注
五		安砌侧(平、缘)石			1154	
	1	垫层	m³	$V=S_底×H=1154×0.2×0.15=34.62$	34.62	
	2	安砌	100m	1154	11.54	
	3	现浇立缘石后座	100m	1154	11.54	
六		树池安砌				
	1	树池安砌	100m	32	0.32	

3. 园林小品（喷泉）工程

两个喷泉，一共面积 90m²，半地下式，地面上高 0.6m，地下深 0.4m，池壁厚 0.3m，抹灰后沾水刷石。共计 32 个喷头，管径 100mm（表 4-41）。

表 4-41　园林小品（喷泉）工程计量表

序号		分项工程名称	单位	计算公式	工程数量	备 注
一、		挖土方				
	1	人工挖基坑	100m³	$V=90×H=90×1.15=103.5$	1.04	
二、		基础				
	1	200mm 厚碎石基层	100m²	$S=90$	0.9	
	2	150mm 厚石灰土基层	100m²	$S=90$	0.9	
三、		构筑物				
	1	现浇混凝土池	10m³	$V=V_底+V_壁=90×0.3+1×57×0.3=4.41$	4.41	
	2	防水工程	100m²	$S=S_底+S_壁=90+57=147$	1.47	
四、		喷泉安装				
	1	管道煨弯	个		40	
	2	管架制作与安装	T	$115×4.367/10=52.22kg$	0.052	
	3	喷泉喷头安装				
		柱顶白喷头	套		2	
		喇叭花喷头	套		16	
		扇形喷头	套		14	
	4	水泵保护罩制作安装	个		1	

注：10m 支架重量 4.367kg。

二、套用定额

预算定额的套用可以分为直接套用和系教换算两种。预算定额的直接套用，当设计要求与定额项目的内容相一致时，可直接套用定额的预算基价及工料消耗量计算该分项工程的直接费用以及人工、材料需用量。计算人工、材料需用量后，就可以进行工料分析，以便控制工程成本。预算定额的系数换算，当设计要求与定额项目的内容不同时，必须进行系数换算。预算定额的系数换算是按定额说明中规定的系数乘以相应定额的基价（或定额中工料之一部分）后，得到一个新单价。系数换算在园林工程预算中是比较重要的一项内容。

套用定额是进行绿化工程预算的关键环节。如图 4-11 所示的园林工程中，涉及一些造园要素，每种造园要素都能在《计价定额》中找到相应的分项，找的分项正确与否，直接影响工程的总造价。例如绿化工程，主要是各种苗木，对绿化工程造价影响最大的是苗木的规格（如胸径、冠幅），定额编号是按苗木的规格划分的，定额中有明确界定。苗木的规格依据施工图给出的苗木规格配置表。套用定额要和工料分析结合在一起进行，避免重复翻阅定额，减小工作量，提高预算进度。

现以《黑龙江省建设工程计价依据〈园林绿化工程计价定额〉》为例简要说明园林小品（喷泉）工程量计算。

1. 准备《园林绿化工程计价定额》

查找到所列分项相关的页码，列举如下（表 4-42～表 4-44）。

（1）清除草皮（第 11 页）（表 4-42）

工作内容：包括清除草皮、废弃物清理、就近堆放整齐等操作过程。

表 4-42　清除草皮费用表　　　　　　　　　　　计价单位：10m²

清单编码			050101005
定额编号			1～17
项目名称			清除草皮
基价/元			5.30
其中	人工费/元		5.30
	材料费/元		—
	机械费/元		—
名称	单位	单价	数量
综合工日	工日	53.00	0.100

（2）起挖乔木（带土球）（表 4-43）

工作内容：包括起挖、出坑、包装、搬运集中、回土填坑等操作过程。

表 4-43　起挖乔木费用表　　　　　　　　　　　计价单位：株

清单编码			050102001				
定额编号			1～19	1～20	1～21	1～22	1～23
项目名称			起挖乔木(带土球)土球直径(cm 以内)				
基价/元			20	30	40	50	60
			5.99	9.52	14.63	22.21	33.50
其中	人工费/元		2.12	3.71	6.89	10.60	18.02
	材料费/元		3.87	5.81	7.74	11.61	15.48
	机械费/元		—	—	—	—	—
名称	单位	单价	数量				
综合工日	工日	53.00	0.040	0.070	0.130	0.200	0.340
材料　草绳	kg	3.87	1.000	1.500	2.000	3.000	4.000

（3）片植绿篱（表 4-44）

工作内容：包括开沟、排苗、扶正回土、筑水围、浇水、覆土、整形清理等操作过程。

表 4-44　片植绿篱费用表　　　　　　　　　　　　　　　计价单位：10m²

清单编码			050102007			
定额编号			1～107	1～108	1～109	1～110
项目名称			片植绿篱片植高度(cm 以内)			
基价/元			40cm	60cm	80cm	1000cm
			57.02	69.66	100.40	142.43
其中	人工费/元		55.12	66.78	97.52	139.39
	材料费/元		1.90	2.88	2.88	3.04
	机械费/元		—	—	—	—
名称	单位	单价	数量			
综合工日	工日	53.00	1.040	1.260	1.840	2.63
材料 花灌木树苗 水	株 m³	— 7.59	(250.000) 0.250	(160.000) 0.380	(120.000) 0.380	(90.000) 0.400

2. 根据计算工程量时所列分项，确定定额编号，填写分部分项工程投标报价表

例如在填写分部工程之一的绿化工程中，整理绿地是其中的一个分项工程，通过查找《园林绿化工程计价定额》，得知其工程代码是 050101。下面有若干小项，找到"清除草皮"一项如表 4-42，可以看到其清单编码为 050101005，定额编号为 1～17，定额基价是 5.30元，人工费为 5.30 元，分别填入分部分项工程投标报价表中。在分项工程栽植花木中，根据施工图要求，红皮云杉要求带土球，而且土球直径为 60cm。通过查找定额表，确定其定额编号为 1-23，如表 4-43 所示，找到其单价为 33.50，填入表格。在起挖乔木（裸根）分项中，根据不同的树干胸径选择不同的定额编号，再查找价格填入表格中。在分项工程片植绿篱中，根据施工图要求，片植绿篱的高度分别为（51～70)cm 和（41～60)cm，通过查找定额表，确定其定额编号分别为 1-109 和 1-108，如表 4-44 所示，找到其单价分别为 100.40元和 69.66 元。填入表格。

在道路和广场部分，按照施工图的要求和剖面结构，分层计算。比如园边主路，通过看结构图可知，整体分为三层：路基处理、道路基层、道路面层。其中道路基层又分为两层，共计四层：弹软土基处理，石灰稳定土厚 200mm，石灰、土、碎石基层厚 200mm，沥青贯入式路面。查找《黑龙江省建设工程计价依据（市政工程计价定额）2010》道路、桥涵、隧道部分，得知定额编号，查出价格，填入表中。例如石灰稳定土厚 200mm，先找到第二章，道路基础部分，然后找到石灰稳定土，查看表中厚度数值，找到 20cm，再查看含灰量 10%列，可以看到其定额编号为 2-54，基价为 1827.49 元。

查找出来的数据，分别填入表 4-45。

三、费用计取

在确定定额编号、查阅定额、计算消耗量基础上，接下来就可以计算出该街心公园绿化工程中园林工程预算的各项费用，进而计算出工程造价。

组成园林建设工程造价的各类费用，除分部分项工程直接费（定额直接费）是按设计图样和预算定额计算外，其他的费用项目应根据国家及地区制定的费用定额及有关规定计算，一般都要采用工程所在地区的地区统一定额计算。

工程名称：某街心公园建设工程

表4-45　分部分项工程投标报价表

序号	定额编号	清单编码	分部分项工程名称	工程量		价值/元		人工费/元		其中			
				单位	数量	定额基价	总价	单价	金额	材料费/元		机械费/元	
										单价	金额	单价	金额
一、			绿化工程										
(一)		50101	整理绿地										
1	1-17	50101005	清除草皮	10m²	827.4	5.30	4385.22	5.30	4385.22				
2	1-18	50101006	整理绿化用地	10m²	827.4	26.50	21926.1	26.50	21926.1				
(二)		50102	栽植花木										
3	1-23	50102001	起挖乔木(带土球)	株	5	33.5	167.5	18.02	90.1	15.48	77.4		
4	1-41	50102001	起挖乔木	株	7	4.24	29.68	4.24	29.68				
5	1-43	50102001	起挖乔木	株	6	13.25	79.5	13.25	79.50				
6	1-44	50102001	起挖乔木	株	26	21.2	551.2	21.2	551.20				
7	1-46	50102001	起挖乔木	株	34	49.44	1680.96	39.75	1351.50			9.69	329.46
8	1-47	50102001	起挖乔木	株	32	60.34	1930.88	45.58	1458.56			14.76	472.32
9	1-33	50102001	栽植乔木(带土球)	株	5	21.96	109.8	21.2	106	0.76	3.8		
10	1-50	50102001	栽植乔木	株	7	5.15	36.05	4.77	33.39	0.38	2.66		
11	1-52	50102001	栽植乔木	株	6	15.07	90.42	14.31	85.86	0.76	4.56		
12	1-53	50102001	栽植乔木	株	26	26.05	677.3	24.91	647.66	1.14	29.64		
13	1-55	50102001	栽植乔木	株	34	55.43	1884.62	43.46	1477.64	2.28	77.52	9.69	329.45
14	1-56	50102001	栽植乔木	株	32	76.63	2452.16	58.83	1882.56	3.04	97.28	14.76	472.32
15	1-78	50102004	起挖灌木	株	26	1.59	41.34	1.59	41.34				
16	1-78	50102004	起挖灌木	株	26	2.65	68.9	2.65	68.90				

序号	定额编号	清单编码	分部分项工程名称	工程量		价值/元		其中					
				单位	数量	定额基价	总价	人工费/元		材料费/元		机械费/元	金额/元
								单价	金额	单价	金额	单价	金额
17	1-80	50102004	起挖灌木	株	15	5.30	79.5	5.30	79.50				
18	1-81	50102004	起挖灌木	株	22	9.01	198.22	9.01	198.22				
19	1-83	50102004	栽植灌木	株	26	2.31	60.06	2.12	55.12	0.19	4.94		
20	1-84	50102004	栽植灌木	株	26	3.37	87.62	3.18	82.68	0.19	4.94		
21	1-85	50102004	栽植灌木	株	15	6.21	93.15	5.83	87.45	0.38	5.7		
22	1-86	50102004	栽植灌木	株	22	10.64	234.08	10.07	221.54	0.57	12.54		
(三)		50102	片植绿篱										
23	1-108	50102007	片植绿篱	10m²	16.9	69.66	1177.26	66.78	1128.59	2.88	48.67		
24	1-109	50102007	片植绿篱	10m²	2.3	100.4	230.92	97.52	224.3	2.88	6.62		
(四)		50102	喷播植草										
25	1-127	50102011	喷播植草	10m²	468	84.75	39663	51.41	24059.88	33.34	15603.12		
(五)			树木支撑										
26	1-138		树木支撑	株	110	3.63	399.3	3.18	349.8	0.45	49.5		
(六)			人工换土										
27	1-148		带土球乔木换土	株	5	19.2	96	7.42	37.1	11.78	58.9		
28	1-155		裸根乔木换土	株	7	6.08	42.56	1.59	11.13	4.49	31.43		
29	1-157		裸根乔木换土	株	6	19.33	115.98	5.3	31.8	14.03	84.18		
30	1-158		裸根乔木换土	株	26	29.27	761.02	7.95	206.7	21.32	554.32		
31	1-160		裸根乔木换土	株	34	61.85	2102.9	16.96	576.64	44.89	1526.26		
32	1-161		裸根乔木换土	株	32	83.39	2668.48	22.79	729.28	60.6	1939.2		

序号	定额编号	清单编码	分部分项工程名称	工程量		价值/元		其中					
								人工费/元		材料费/元		机械费/元	
				单位	数量	定额基价	总价	单价	金额	单价	金额	单价	金额
(七)			养护管理										
33	1-202		人工塑料管浇水	100株	0.26	186.48	48.48	133.03	34.59	53.45	13.9		
34	1-203		人工塑料管浇水	100株	0.26	215.69	56.08	155.29	40.38	60.4	15.7		
35	1-204		人工塑料管浇水	100株	0.15	286.98	43.05	207.23	31.08	79.75	11.96		
36	1-205		人工塑料管浇水	100株	0.22	365.61	80.43	266.59	58.65	99.02	21.78		
37	1-208		人工塑料管浇水	100株	0.06	1047.69	62.86	777.51	46.65	270.18	16.21		
38	1-209		人工塑料管浇水	100株	0.34	1563.43	531.57	1166	396.44	397.43	135.13		
39	1-210		人工塑料管浇水	100株	0.7	2080.14	1456.1	1554.49	1088.14	525.65	367.96		
40	1-232		纹样篱浇水	10m²	16.8	39.3	660.24	7.16	120.29	10.93	183.62	21.21	356.33
41	1-233		纹样篱浇水	10m²	2.3	55.95	128.67	10.18	23.41	15.61	35.9	30.16	69.37
42	1-246		草坪浇水	100m²	46.8	131.29	6144.37	58.3	2728.44	72.99	3415.93		
43	1-252		树木整形修剪	100株	1.99	707.53	1407.98	560.74	1115.87			146.79	292.11
44	1-258		乔木疏枝修剪	100株	1.1	590.2	649.22	381.6	419.76			208.6	229.46
45	1-262		亚乔木及灌木修剪	100株	0.89	106.53	94.81	106.53	94.81				
46	1-286		纹样篱修剪	10m²	16.8	2.46	41.33	1.59	26.71			0.87	14.62
47	1-287		纹样篱修剪	10m²	2.3	2.99	6.88	2.12	4.88			0.87	2
48	1-289		草坪修剪	100m²	46.8	76.32	3571.78	76.32	3571.78				
49	1-298		草坪除杂草绿地松土	100m²	46.8	50.88	2381.18	50.88	2381.18				
50	1-306		树木松土	100株	1.99	396.65	789.33	396.65	789.33				
51	1-307		树木施肥	100株	1.99	971.32	1932.93	782.02	1556.22	189.3	376.71		
52	1-322		树干涂白	株	7	0.78	5.46	0.32	2.24	0.46	3.22		
53	1-324		树干涂白	株	103	2.91	299.73	0.95	97.85	1.96	201.88		

二、园路及广场工程

序号	定额编号	清单编码	分部分项工程名称	工程量 单位	工程量 数量	价值/元 定额基价	价值/元 总价	人工费/元 单价	人工费/元 金额	材料费/元 单价	材料费/元 金额	机械费/元 单价	机械费/元 金额
（一）			院内主路										
2月1日	40201002		弹软土基处理	10m³	15.89	471.69	7495.15	291.5	4631.93	180.19	2863.22		
2-54	40201002		石灰稳定土	100m²	10.59	1827.49	19353.12	1042.51	11040.18	717.24	7595.57	67.74	717.37
2-113	40201005		石灰、土、碎石基层厚20	100m²	10.59	1732.68	18349.08	411.81	4361.07	1070.02	11331.51	250.85	2656.5
2-244	40203002		沥青贯入式路面	100m²	10.59	4731.9	50110.82	281.43	2980.34	4167.14	44130.01	283.33	3000.46
（二）			广场铺设										
2月1日	40201002		弹软土基处理	10m³	14.51	471.69	6844.22	291.5	4229.67	180.19	2614.56		
2-113	40201005		石灰、土、碎石基层	100m²	9.67	1732.68	16755.02	411.81	3982.2	1070.02	10347.09	250.85	2425.72
2-331	40204001		花岗岩铺设	100m²	9.67	19151.70	185196.94	479.65	4638.22	18672.05	180558.72		
（三）			人行步道路面铺设										
2-314	40204001		垫层	10m³	13.97	2633.1	36784.41	701.19	9795.62	1694.58	23673.28	237.33	3315.5
2-316	40204001		水泥干拌沙结合层	100m²	9.67	797.67	7713.47	225.78	2183.29	571.89	5530.18		
2-319	40204001		干铺块料		9.67	479.65	4638.21	479365	4638.21				
（四）			停车场铺设										
2月1日	40201002		弹软土基处理	10m³	2.34	471.69	1103.75	291.5	682.11	180.19	421.64		
2-54	40201002		石灰稳定土厚20	100m²	1.56	1827.49	2850.88	1042.51	1626.32	717.24	1118.89	67.74	105.67
2-113	40201005		石灰、土、碎石基层	100m²	1.56	1732.68	2702.98	411.81	642.42	1070.02	1669.23	250.85	391.33
2-244	40203002		沥青贯入式路面	100m²	1.56	4731.9	7381.76	281.43	439.03	4167.14	6500.74	283.33	442
（五）			安砌侧（平、缘）石										

序号	定额编号	清单编码	分部分项工程名称	工程量 单位	工程量 数量	价值/元 定额基价	价值/元 总价	其中 人工费/元 单价	人工费/元 金额	材料费/元 单价	材料费/元 金额	机械费/元 单价	机械费/元 金额	金额
	2-342	40204003	垫层	m³	34.62	100.32	3473.08	64.13	2220.18	36.19	1252.9			
	2-347	40204003	安砌	100m	11.54	909.83	10499.44	715.5	8256.87	194.33	2242.57			
	2-361		现浇立缘石后座	100m	11.54	501.12	5782.92	388.49	4483.17	103.75	1197.28	8.88	102.48	
(六)	2-371	40204006	树池安砌	100m	0.32	263.86	84.44	257.05	82.27	6.81	2.18			
三、			园林小品（喷泉）工程											
(一)	1-16	40101003	挖土方 人工挖基坑	100m³	1.04	1981.14	2060.39	1981.14	2060.39					
(二)			基础											
	2-113	40201005	200厚碎石基层	100m²	0.9	1732.68	1559.41	411.81	370.63	1070.02	963.02	250.85	225.77	
	2-48	40202002	150厚石灰土基层	100m²	0.9	1407.42	1266.68	809.31	728.38	537.89	484.1	60.22	54.2	
(三)			构筑物											
	6-979	40506007	现浇混凝土池	10m³	4.41	1150.11	5071.99	917.22	4044.94	176.12	776.69	56.77	250.36	
	6-1072	40506028	防水工程	100m²	1.47	1760.54	2587.99	516.22	758.84	1196.16	1758.36	48.16	70.8	
(四)		50305	喷泉安装											
	3-27	50305001	管道煨弯	个	40	42.05	1682	30.74	1229.6	11.31	452.4			
	3-28	50305001	管架制作与安装	丁	0.052	6290.13	327.09	1941.92	100.98	4348.21	226.11			
	3-38	50305001	柱顶白喷头安装	套	2	4.09	8.18	1.59	3.18	2.5	5			
	3-37	50305001	喇叭花喷头安装	套	16	14.31	228.96	4.24	67.84	10.07	161.12			
	3-49	50305001	扇形喷头安装	套	14	5.13	71.82	1.7	23.8	3.43	48.02			
	3-51	50305001	水泵保护罩制作安装	个	1	105.67	105.67	7.95	7.95	97.72	97.72			
			本页小计				506604.02		157233.27		333045.19		16325.6	16325.6
			合计				506604.02		157233.27		333045.19		16325.6	16325.6

园林工程预算造价的计算有两种形式：一是以定额直接费为基数；二是以人工费为基数。现在以定额直接费为基数举例进行计算。

1. 分部分项工程直接费（用 A 表示）

从表 4-45 得到分部分项工程定额直接费（用 A_1 表示）为 506604.02 元，人工费（用 A_3 表示）为 157233.27 元，材料费为 333045.19 元，机械费（用 A_4 表示）为 16325.6 元。

$$定额直接费(A_1) = 人工费(A_3) + 材料费 + 机械费(A_4)。$$

但是在材料费上，由于定额标注的价格和市场上购买材料价格存在一定的差价，因此：

分部分项工程直接费（A）＝分部分项工程定额直接费（A_1）＋材料差价（用 A_2 表示）经计算，材料差价为 21360 元。

$$A = A_1 + A_2 = 506604.02 + 21360 = 527964.02$$

2. 措施费（用 B 表示）

措施费分为定额措施费（用 B_1 表示）和通用措施费（用 B_2 表示）。

（1）定额措施费

此街心公园工程涉及定额措施费只有混凝土模板及支架费，根据前面工程量计算得知，池底为 90m²，池壁为 147m²。查找《黑龙江省市政及园林绿化工程消耗量定额（园林绿化措施）》第一章第九部分，构筑物及池类项（表 4-46）可知。

表 4-46　构筑物及池类池底

工作内容：模板安装、拆除，涂刷隔离剂、清杂物、场内外运输。

定额编号			9-106	9-107	9-108
项目			平池底钢模	平池底木模	锥池底钢模
名称		单位		数量	
综合工日		工日	42.570	47.467	39.917
材料	混凝土垫块	m³	(0.137)	(0.137)	—
	脱模剂	kg	10.000	10.000	10.000
	镀锌铁丝(10#)	kg	67.341	—	—
	钢模板	kg	70.761	—	—
	模板板方材	m³	0.011	0.756	2.370
	木支撑	m³	0.336	0.339	0.373
	零星卡具	kg	19.074	—	—
	圆钉	kg	11.924	28.336	14.035
	嵌缝料	kg	—	10.000	10.000
	草板纸(80#)	张	30.000	—	—
机械	载重汽车 5t	台班	0.280	0.330	0.670
	汽车式起重机 5t	台班	0.080	—	—
	木工压刨床 600mm	台班	—	0.540	0.540
	木工圆锯机 500mm	台班	0.030	0.570	0.550

池底部分，人工费：每 100m² 需要 47.467 个工日，依据规定，平均每个工日 53 元；合价＝47.467×53＝2515.75 元。

材料费：用到的有混凝土垫块、脱模剂、模板板方材、木支撑、圆钉、嵌缝料。查找材料价格表，计算得出总价 2192.46 元。

机械费：用到的机械有载重汽车 5t，木工压刨床 600mm，木工圆锯机 500mm。通过查找《黑龙江省建设工程计价依据（施工机械台班费用定额）》，载重汽车 5t（编码 04005）每个台班为 386.29，合价＝386.29×0.330＝127.48 元；木工压刨床 600mm（编码 07018）每个台班为 43.05 元，合价＝43.05×0.540＝23.25；木工圆锯机 500mm（编码 07013）每个台班为 42.41 元，合价＝42.41×0.570＝24.17 元。机械费总价＝127.48＋23.25＋24.17＝174.9 元。

定额基价＝人工费＋材料费＋机械费＝2515.75＋2192.46＋174.9＝4883.11 元。

同样方法算出池壁部分定额基价＝1538.91＋1908.32＋（185.42＋23.25＋34.35）＝3690.25 元

把计算出的人工费、材料费、机械费、定额基价分别填入表 4-47。

表 4-47 定额措施项目投标报价表

工程名称：　　　　　　　　　　　　　　　　　　　　　　　　　　　　　　　　　　　第　页　共　页

序号	定额编号	分部分项工程名称	工程量		价值/元		其中					
			单位	数量	定额基价	总价	人工费/元		材料费/元		机械费/元	
							单价	金额	单价	金额	单价	金额
1	9-107	构筑物池底	100m²	0.9	4883.11	4394.80	2515.75	2264.18	2192.46	1973.21	174.90	157.41
2	9-110	构筑物池壁	100m²	1.47	3690.25	5424.67	1538.91	2262.18	1908.32	2805.23	243.02	357.24
	本页小计					Z		B₃				
	合计					9819.47		4526.36		4778.44		514.65

（2）通用措施费

通用措施费＝∑[（定额直接费中人工费 A_3＋定额措施费中人工费 B_3）×措施费费率]

例如：夜间施工费＝（A_3＋B_3）×措施费费率＝（157233.27＋4526.36）×0.08％＝129.41 元

其他的项目算法与此相同，分别填入表 4-48。

表 4-48 通用措施项目报价表

工程名称：　　　　　　　　　　　　　　　　　　　　　　　　　　　　　　　　　　　第　页　共　页

序号	项目名称	计费基础	园林绿化工程费率/%	金额/元
1	夜间施工费	A_3＋B_3	0.08	129.41
2	二次搬运费	A_3＋B_3	0.08	129.41
3	已完工程及设备保护费	A_3＋B_3	0.11	177.94
4	工程定位、复测、交点、清理费	A_3＋B_3	0.11	177.94
5	生产工具用具使用费	A_3＋B_3	0.14	226.46
6	雨季施工费	A_3＋B_3	0.11	177.94
7	冬季施工费	A_3＋B_3	1.34	2167.58
8	检验试验费	A_3＋B_3	2.00	3235.19
	合计			6421.87

注：A_3：计费人工费 53 元/工日；B_3：定额措施费中计费人工费。

措施费 $B = B_1 + B_2 = 9819.47 + 6421.87 = 16241.34$ 元

3. 企业管理费

通过查找《黑龙江省建设工程计价依据（建设工程费用定额）》，可知企业管理费费率为 $6\% \sim 10\%$，为了计算方便，本案例取 10%。

企业管理费 =（定额直接费中人工费 A_3 + 定额措施费中人工费 B_3）× 企业管理费费率

$= (A_3 + B_3) \times 10\% = 161759.63 \times 10\%$

$= 16175.96$ 元

4. 计划利润

通过查找《黑龙江省建设工程计价依据（建设工程费用定额）》，可知计划利润率为 $13\% \sim 10\%$。

为了计算方便，本案例取 10%。

计划利润 =（定额直接费中人工费 A_3 + 定额措施费中人工费 B_3）× 计划利润率

$= (A_3 + B_3) \times 10\% = 161759.63 \times 10\% = 16175.96$ 元

5. 其他费用

暂列金额，通过查找《黑龙江省建设工程计价依据（建设工程费用定额）》，可知暂列金额率为 $10\% \sim 15\%$。为了计算方便，本案例取 10%。

暂列金额 = 分部分项工程 × 10% = $527964.02 \times 10\%$ = 52796.40 元

总承包服务费，通过查找《黑龙江省建设工程计价依据（建设工程费用定额）》，可知总承包服务费率为 $3\% \sim 5\%$。为了计算方便，本案例取 5%。

总承包服务费 =（分部分项工程费 + 措施费 + 企业管理费 + 利润）× 5%

$= (527964.02 + 16241.34 + 16175.96 + 16175.96) \times 5\%$

$= 28827.86$ 元

专业工程暂估价和计日工费到工程结算时按实际调整。

6. 安全文明施工费

安全文明施工费由环境保护等五项费用和脚手架费组成。

环境保护等五项费用合计的费用率为 1.07%。

环境保护等五项费用 =（分部分项工程费 + 措施费 + 企业管理费 + 利润 + 其他费用）× 1.07%

$= 658181.54 \times 1.07\% = 7042.54$ 元

脚手架费到工程结算时按实际调整。

7. 规费

规费一共包括养老保险费、医疗保险费、失业保险费、工伤保险费、生育保险费、住房公积金、危险作业意外伤害保险费、工程排污费八项，合计费率为 4.34%，具体取几项有招标人给出，本例子全部都计算在内。

规费 =（分部分项工程费 + 措施费 + 企业管理费 + 利润 + 其他费用）× 4.34%

$= 658181.54 \times 4.34\% = 28565.08$ 元

8. 税金

税金为不含税工程费用总和乘以税率，不同地区的税率会有所区别，以哈尔滨市区为例，税率为 3.44%。

税金 =（分部分项工程费 + 措施费 + 企业管理费 + 利润 + 其他费用 +

安全文明施工费 + 规费）× 3.44% = $693789.16 \times 3.44\%$ = 23866.35 元。

9. 单位工程费用

单位工程费用由分部分项工程、措施费、企业管理费、利润、其他费用、安全文明施工费、规费、税金等几部分组成。详见表4-49。

表4-49 单位工程投标报价汇总表

工程名称：某街心公园   第 页 共 页

序号	汇总内容	计算公式及费率	金额/元
1	分部分项工程费用	$A=A_1+A_2$	527964.02
1.1	分部分项工程定额直接费	A_1	506604.02
(A_3)	其中:计费人工费	A_3	157233.27
1.2	材料差价	A_2	21360
2	措施费	$B=B_1+B_2$	16241.34
2.1	定额措施费	B_1	9819.47
(B_3)	其中:计费人工费	B_3	4526.36
2.2	通用措施费	B_2	6421.87
3	企业管理费	$C=(A_3+B_3)\times10\%$	16175.96
4	利润	$D=(A_3+B_3)\times10\%$	16175.96
5	其他费用	$E=$	81624.26
5.1	暂列金额	$A\times10\%$	52796.40
5.2	专业工程暂估价		工程结算时按实际调整
5.3	计日工		工程结算时按实际调整
5.4	总承包服务费	$(A+B+C+D)\times5\%$	28827.86
6	安全文明施工费	$F=$	7042.54
6.1	环境保护等五项费用	$(A+B+C+D+E)\times1.07\%$	7042.54
6.2	脚手架费		工程结算时按实际调整
7	规费	$G=(A+B+C+D+E+F)\times1.07\%$	7117.90
8	税金	$H=(A+B+C+D+E+F+G)\times3.44\%$	23128.56
	单位工程费用	$A+B+C+D+E+F+G+H$	695470.46

四、填写单项工程汇总表（表4-50）

表4-50 单项工程汇总表

工程名称：街心公园绿化工程   第 页 共 页

序号	单位工程名称	金额/元	其中		
			暂估价/元	安全文明施工费/元	规费/元
1	街心公园绿化工程	695470.46		7042.54	7117.90
	合计				

五、填写工程项目投标报价汇总表（表 4-51）

表 4-51 工程项目投标报价汇总表

工程名称：街心公园绿化工程   第 页 共 页

序号	单项工程名称	金额/元	其中		
			暂估价/元	安全文明施工费/元	规费/元
1	街心公园绿化工程	695470.46		7042.54	7117.90
	合计				

六、填写园林工程预算编制说明（表 4-52）

表 4-52 园林工程预算编制说明表

工程名称：   第 页 共 页

1. 工程概况
2. 编制依据
3. 采用定额
4. 工程类别

七、填写园林工程预算封面

<u>   某街心公园   </u> 工程

工程造价：695470.46 元

招标人：<u> ××× </u>   咨询人：<u> ××× </u>

    （单位盖章）   （单位资质专用章）

法定代表人   法定代表人

或其授权人：<u>   </u>   或其授权人：

（签字或盖章）   （签字或盖章）

编制人：<u> ××× </u>   复核人：

编制时间：×年×月×日   复核时间：×年×月×日

八、校核、装订成册

第五章 工程量清单计价法
编制园林工程预算

第一节 《建设工程工程量清单计价规范》的概况

《建设工程工程量清单计价规范》是根据《中华人民共和国招标投标法》、建设部令第107号《建筑工程施工发包与承包计价管理办法》，并遵照国家宏观调控、市场竞争形成价格的原则，结合我国当前的实际情况制定的。

一、"计价规范"制定的目的

规范建设工程工程量清单计价行为，统一建设工程工程量清单的计价方法，是制定本规范的目的。我国建设工程招标投标实行"定额"计价，在工程承发包中发挥很大作用，取得了明显成效，但在这一计价方式的推行过程中，也存在一些突出问题，例如：不能充分发挥市场竞争机制的作用；定额不能体现企业个别成本；市场中缺乏竞争力；定额约束了企业自主报价，达不到合理低价中标，形不成投标人与招标人双赢结果；当然与国际通用做法也相距很远。

二、"计价规范"制定的依据

随着我国社会主义市场经济的深化，"定额"计价的弊端越来越明显，应予以重视并解决。在认真总结我国工程招标投标实行"定额"计价的基础上，研究借鉴国外招标投标实行工程量清单计价的做法，制定了我国建设工程工程量清单计价规范，确立我国招标投标实行工程量清单计价应遵守的规则，要求参与招标投标活动的各方必须一致遵循，以保证工程量清单计价方式的顺利实施，充分发挥其在招标投标中的重要作用。

三、"计价规范"适用范围

1. 主要适用于建设工程招标投标的工程量清单计价活动

广义称"本规范适用于建设工程工程量清单计价活动"，但就承发包方式而言，主要适用于建设工程招标投标的工程量清单计价活动。工程量清单计价是与现行"定额"计价方式共存于招标投标计价活动中的另一种计价方式。本规范所称建设工程是指建筑工程、装饰装修工程、安装工程、市政工程和园林绿化工程。凡是建设工程招标投标实行工程量清单计价，不论招标主体是政府机构、国有企事业单位、集体企业、私人企业和外商投资企业，还是资金来源是国有资金、外国政府贷款及援助资金、私人资金等都应遵守本规范。

2. 规定了强制实行工程量清单计价的范围

本规范从资金来源方面，规定了强制实行工程量清单计价的范围。"国有资金"是指国家财政性的预算内或预算外资金，国家机关、国有企事业单位和社会团体的自有资金及借贷资金，国家通过对内发行政府债券或向外国政府及国际金融机构举借主权外债所筹集的资金也应视为国有资金。"国有资金投资为主"的工程是指国有资金占总投资额50%以上或虽不足50%，但国有资产投资者实质上拥有控股权的工程。"大、中型建设工程"的界定按国家有关部门的规定执行。

3. 还应符合国家相关法律法规

工程量清单计价活动是政策性、经济性、技术性很强的一项工作，涉及国家的法律、法规和标准规范比较广泛。所以，本规范提出工程量清单计价活动，除遵循本规范外，还应符合国家有关法律、法规及标准规范的规定。主要指：《建筑法》、《合同法》、《价格法》、《招标投标法》和建设部令第107号《建筑工程施工发包与承包计价管理办法》及直接涉及工程造价的工程质量、安全及环境保护等方面的工程建设强制性标准规范。

4. 附录是本规范的组成部分，与正文具有同等效力

附录是编制工程量清单的依据，主要体现在工程量清单中的12位编码的前9位应按附录中的编码确定，工程量清单中的项目名称应依据附录中的项目名称和项目特征设置，工程量清单中的计量单位应按附录中的计量单位确定，工程量清单中的工程数量应依据附录中的计算规则计算确定。附录A建设工程工程量清单项目及计算规则，附录B装饰装修工程工程量清单项目及计算规则，附录C安装工程工程量清单项目及计算规则，附录D市政工程工程量清单项目及计算规则，附录E园林绿化工程工程量清单项目及计算规则。

四、"计价规范"的特点

工程量清单计价是市场经济的产物，并随着市场经济的发展而发展，必须遵循市场经济活动的基本原则，即客观、公正、公平的原则。所谓客观、公正、公平的原则，就是要求工程量清单计价活动要有高度的透明度，工程量清单的编制要实事求是，不弄虚作假，招标要机会均等，公平一律地对待所有投标人。投标人要从本企业的实际情况出发，不能低于成本价报价，不能串通报价，双方应以诚实、信用的态度进行工程竣工结算。在工程量清单的计价过程中，工程量清单为建设市场的交易双方提供一个平等的平台，其内容和编制原则的确定是整个计价方式改革中的重要工作。总结"计价规范"其特点如下。

1. 强制性

① 由建设主管部门按照强制性国家标准的要求批准颁布，规定全部使用国有资金或国有资金投资为主的大中型建设工程应按计价规范规定执行。

② 明确工程量清单是招标文件的组成部分，并规定了招标人在编制工程量清单时必须遵守的规则，做到四统一，即统一项目编码、统一项目名称、统一计量单位、统一工程量计算规则。

2. 实用性

附录中工程量清单项目及计算规则的项目名称表现的是工程实体项目，项目名称明确清晰，工程量计算规则简洁明了；特别还列有项目特征和工程内容，易于编制工程量清单时确定具体项目名称和投标报价。

3. 竞争性

"计价规范"中的措施项目，在工程量清单中只列"措施项目"一栏，具体采用什么措施，如模板、脚手架、临时设施、施工排水等详细内容由投标人根据企业的施工组织设计，视具体情况报价，因为这些项目在各个企业间各有不同，是企业竞争项目，是留给企业竞争的空间。

"计价规范"中采用工程量清单计价模式招标投标，对发包单位来说，由于工程量清单是招标文件的组成部分，招标单位必须编制出准确的工程量清单，并承担相应的风险，促进招标单位提高管理水平。由于工程量清单是公开的，将避免工程招标中的弄虚作假、暗箱操作等不规范行为。对承包企业来说，采用工程量清单报价，必须对单位工程成本、利润进行分析、统筹考虑、精心选择施工方案，并根据企业的定额合理确定人工、材料和施工机械等要素的投入与配置，优化组合，合理控制现场费用和施工技术措施费用，确定投标价。工程量清单计价的实行，有利于规范建设市场计价行为，规范建设市场秩序、促进建设市场有序竞争；有利于控制建设项目投资，合理利用资源；有利于促进技术进步，提高劳动生产率；有利于提高造价工程师的素质，使其成为懂技术、懂经济、懂管理的全面发展的复合型人才。

4. 通用性

随着我国改革开放的进一步加快，中国经济日益融入全球市场，特别是我国加入世界贸易组织后，行业壁垒下降，建设市场将进一步对外开放。国外的企业以及投资的项目越来越多地进入国内市场，我国企业走出国门在海外投资和经营的项目也在增加。为了适应这种对外开放建设市场的形势，就必须与国际通行的计价方法相适应，为建设市场主体创造一个与国际惯例接轨的市场竞争环境。采用工程量清单计价将与国际惯例接轨，符合工程量计算方法标准化、工程量计算规则统一化、工程造价确定市场化的要求。

第二节　工程量清单的编制

一、工程量清单

工程量清单是列示拟建工程的分部分项工程项目、措施项目、其他项目名称和相应数量的明细清单。

二、分部分项工程量清单

分部分项工程量清单是由招标人按照"计价规范"中统一的项目编码、统一的项目名称、统一的计量单位和统一的工程量计算规则（即四个统一）进行编制。表 5-1 是分部分项工程量清单的项目设置。

表 5-1　分部分项工程量清单表

工程名称：　　　　　　　　　　　　　　　　　　　　　　　　　　　　第　页　共　页

序号	项目编码	项目名称	项目特征描述	计量单位	工程量
		分部小计			
		本页小计			
		合计			

在设置分部分项清单项目时应注意如下内容。

1. 项目编码

分部分项工程量清单编码以 12 位阿拉伯数字表示，前 9 位为"计价规范"中全国统一给定的编码，其中，1、2 位为附录顺序码，3、4 位为专业工程顺序码，5、6 位为分部工程顺序码，7、8、9 位为分项工程项目名称顺序码，10～12 位为清单项目名称顺序码，由清单编制人根据设置的清单项目编制。具体分析如下：

1、2 位为附录顺序码（二位）：如建筑工程为 01、装饰装修工程为 02、安装工程为 03、市政工程为 04、园林绿化工程为 05；

3、4 位为专业工程顺序码（二位）：如 01 为园林绿化工程的"绿化工程"；

5、6 位为分部工程顺序码（二位）：如 02 为栽植花木；

7、8、9 位为分项工程项目名称顺序码（三位）：如 006 为栽植攀缘植物；

10～12 位为清单项目名称顺序码（三位），主要区别同一分部分项工程具有不同特征的项目，由工程量清单编制人编制，从 001 开始，依次排列。

2. 项目名称

分部分项工程量清单项目名称编制时应注意以下几点：

① 以附录中项目名称为主体；

② 考虑该项目的规格、型号、材质等项目特征要求；

③ 结合拟建工程的实际情况。

3. 计量单位

分部分项工程量清单的计量单位应按照"计价规范"附录中的统一规定确定。计量单位全国统一规定，一定要严格遵守，规定如下：长度计算单位为"m"；面积计算单位为"m²"；质量计算单位为"kg"；体积和容积计算单位为"m³"；自然计算单位为台、套、个、组等。

4. 工程数量

工程数量确定应该按照"计价规范"中指引的"工程量计算规则"规定来计算。工程数量的有效为数应遵守下列规定：

① 以"吨（t）"为单位，应保留小数点后三位数字，第四位四舍五入；

② 以"米（m）"、"平方米（m²）"、"立方米（m³）"为单位，应保留小数点后两位数字，第三位四舍五入；

③ 以"个"、"项"等为单位，应取整数。

5. 补充

如遇到"计价规范"附录中缺项，在编制分部分项工程量清单时，可以由编制人作补充。

补充项目填写在相应分部分项工程量清单项目最后，并在"项目编码"栏中填写为"补××"，"××"为缺项项目顺序码，从 01 起依次排序。

三、措施项目清单

措施项目清单内容包括：定额措施项目清单、通用措施项目清单。如表 5-2、表 5-3 所示。

表 5-2　定额措施项目清单表

工程名称：　　　　　　　　　　　　　　　　　　　　　　　　　　第　页　共　页

序号	项目编码	项目名称	项目特征描述	计量单位	工程量	备注(列项条件)
1		特、大型机械设备进出场及安、拆费				拟建工程必须使用特大型机械
2		混凝土、钢筋混凝土模板及支架费				拟建工程中有混凝土及钢筋混凝土工程
3		垂直运输费				拟建工程使用垂直运输型机械
4		施工排水、降水费				依据水文地质资料,拟建工程的施工深度低于地下水位
5		建筑物(构筑物)超高费				拟建工程超过20m(或6层)
6		各专业工程的措施项目				《计价规范》所列项目
		(其他略)				
		分部小计				
		本页小计				
		合　计				

措施项目清单的编制应考虑多种因素,除了拟建工程的具体情况外,还要考虑涉及水文、气象、环境、安全等和施工企业的实际情况。同时参考"计价规范"所提供的"措施项目一览表",表中所列各项内容是指各专业工程的"措施项目清单"。表 5-3 所示,通用措施项目清单表。

表 5-3　通用措施项目清单表

工程名称：　　　　　　　　　　　　　　　　　　　　　　　　　　第　页　共　页

序号	项目名称	计算基础	费率/%	金额/元	备注(列项条件)
1	夜间施工费				正常情况下应计算
2	二次搬运				正常情况下应计算
3	已完工程及设备保护				正常情况下应计算
4	工程定位、复测、点交、清理费				正常情况下应计算
5	生产工具用具使用费				正常情况下应计算
6	雨季施工费				正常情况下应计算
7	冬季施工费				在冬季进行施工情况下应计算
8	检测试验费				不可竞争费用
9	室内空气污染测试费				根据实际情况确定
10	地上、地下设施,建(构)筑物的临时保护设施费				根据实际情况确定
	合计				

四、其他项目清单

招标人对拟建工程提出一些特殊要求,一般在其他项目清单上体现。其他项目清单主要根据拟建工程的实际情况，参照暂列金额、暂估价、计日工、总承包服务费等内容列项。其他项目清单格式如表 5-4～表 5-9。

表 5-4 其他项目清单

工程名称：　　　　　　　　　　　　　　　　　　　　　　　　　　　　第　页　共　页

序号	项目名称	计量单位	金额	备注
1	暂列金额			
2	暂估价			
2.1	材料暂估价		—	
2.2	专业工程暂估价			
3	计日工			
4	总承包服务费			

注：材料暂估价进入清单项目综合单价，此处不汇总。

表 5-5 暂列金额项目表

工程名称：　　　　　　　　　　　　　　　　　　　　　　　　　　　　第　页　共　页

序号	项目名称	计量单位	暂定金额/元	备注
1				
2				
3				
4				
5				
6				
合　计				

注：此表由招标人填写，如不能详列，也可只列暂定金额总额。

表 5-6 材料暂估单价表

工程名称：　　　　　　　　　　　　　　　　　　　　　　　　　　　　第　页　共　页

序号	材料名称、规格、型号	计量单位	单价/元	备注
1				
2				
3				
4				
5				
6				

注：1. 此表由招标人填写，并在备注栏说明暂估价的材料拟用在哪些清单项目上。
2. 材料包括原材料、燃料、构配件。

表 5-7 专业工程暂估价表

工程名称：　　　　　　　　　　　　　　　　　　　　　　　　　　　　第　页　共　页

序号	工程名称	工程内容	金额/元	备注
合　计				

注：此表由招标人填写。

表 5-8　计日工表

工程名称：　　　　　　　　　　　　　　　　　　　　　　　　　　　　　　　　　第　页　共　页

序号	项目名称	单位	暂定数量
一、	人工		
1			
2			
人工小计			
二、	材料		
1			
2			
材料小计			
三、	施工机械		
1			
2			
施工机械小计			
总　计			

注：此表由招标人填写项目名称、数量。

表 5-9　总承包服务费项目表

工程名称：　　　　　　　　　　　　　　　　　　　　　　　　　　　　　　　　　第　页　共　页

序号	项目名称	计费基础/元	服务内容
1	发包人供应材料	供应材料费用	
2	发包人采购设备	设备安装费用	
3	发包人发包专业工程	专业工程费用	

注：此表由招标人填写服务项目的具体内容。

第三节　园林绿化工程量清单项目及计算规则

一、绿化工程工程量清单项目设置及工程量计算规则

"计价规范"附录 E.1 共 4 节 19 个项目，包括绿地整理、栽植花木、绿地喷灌等工程项目，是用于绿化工程。

1. 绿地整理（"计价规范"附录 E.1.1）

工程量清单项目设置及工程量计算规则，按照表 5-10（附录 E.1.1）的规定执行。

表 5-10　绿地整理（编码 050101）

项目编码	项目名称	项目特征	计量单位	工程量计算规则	工程内容
050101001	伐树、挖树根	树杆胸径	株	按估算数量计	1. 伐树、挖树根；2. 废弃物运输；3. 场地清理
050101002	砍挖灌木丛	丛高	株/株丛		1. 灌木砍挖；2. 废弃物运输；3. 清理场地

项目编码	项目名称	项目特征	计量单位	工程量计算规则	工程内容
050101003	挖竹根		株/株丛	按估算数量计	1. 砍挖竹根；2. 废弃物运输；3. 场地清理
050101004	挖芦苇根	丛高	m²	按估算面积计	1. 苇根砍挖；2. 废弃物运输；3. 场地清理
050101005	清除草皮				1. 除草；2. 废弃物运输；3. 场地清理
050101006	整理绿化用地	1. 土壤类别；2. 土质要求；3. 取土运距；4. 回填厚度；5. 弃渣运距	m²	按设计图示尺寸以面积计算	1. 排地表水；2. 土方挖、运；3. 耙细、过筛；4. 回填；5. 找平、找坡；6. 拍实
050101007	屋顶花园基底处理	1. 找平层厚度、砂浆种类、强度等级；2. 防水层种类、做法；3. 排水层厚度、材质；4. 过滤层厚度、材质；5. 回填轻质土厚度、种类；6. 屋顶高度；7. 垂直运输方式	m²	按设计图示尺寸以面积计算	1. 抹找平层；2. 防水层铺设；3. 排水层铺设；4. 过滤层铺设；5. 填轻质土壤；6. 运输

2. 栽植花木（"计价规范"附录 E.1.2）

工程量清单项目设置及工程量计算规则，按照表 5-11（附录 E.1.2）的规定执行。

表 5-11 栽植花木（编码 050102）

项目编码	项目名称	项目特征	计量单位	工程量计算规则	工程内容
050102001	栽植乔木	1. 乔木种类；2. 乔木胸径；3. 养护期	株	按设计图示数量计算	1. 起挖；2. 运输；3. 栽植；4. 养护
050102002	栽植竹类	1. 竹种类；2. 竹胸径；3. 养护期	株/株丛		
050102003	栽植棕榈类	1. 棕榈种类；2. 株高；3. 养护期	株		
050102004	栽植灌木	1. 灌木种类；2. 灌丛高；3. 养护期	株		
050102005	栽植绿篱	1. 绿篱种类；2. 篱高；3. 行数；4. 养护期	m	按设计图示以长度计算	
050102006	栽植攀缘植物	1. 植物种类；2. 养护期	株	按设计图示数量计算	
050102007	栽植色带	1. 苗木种类；2. 苗木株高；3. 养护期	m²	按设计图示尺寸以面积计算	
050102008	栽植花卉	1. 花卉种类；2. 养护期	株	按设计图示数量计算	1. 起挖；2. 运输；3. 栽植；4. 养护
050102009	栽植水生植物	1. 植物种类；2. 养护期	丛		
050102010	铺种草皮	1. 草皮种类；2. 铺种方式；3. 养护期	m²	按设计图示尺寸以面积计算	
050102011	喷播植草	1. 草籽种类；2. 养护期			1. 坡地细整；2. 阴坡；3. 草籽喷播；4. 覆盖；5. 养护

3. 绿地喷灌 （"计价规范"附录 E.1.3）

工程量清单项目设置及工程量计算规则，按照表 5-12（附录 E.1.3）的规定执行。

表 5-12　绿地喷灌（编码 050103）

项目编码	项目名称	项目特征	计量单位	工程量计算规则	工程内容
050103001	喷灌设施	1. 土石类别；2. 阀门井材料种类、规格；3. 管道品种、规格、长度；4. 管件、阀门、喷头品种、规格；5. 感应电控装置品种、规格、品牌；6. 管道固定方式；7. 防护材料种类；8. 油漆品种、刷漆遍数		按设计图示以长度计算	1. 挖土石方；2. 阀门井砌筑；3. 管道；4. 管道固筑；5. 感应电控设施安装；6. 水压试验；7 刷防护材料、油漆；8 回填

4. 其他相关问题，应按下列规定处理 （"计价规范"附录 E.1.4）

(1) 挖土外运、借土回填、挖（凿）土（石）方应包括在相关项目内。

(2) 苗木计量应符合下列规定：

① 胸径（或干径）应为地表面向上 1.2m 高处树干的直径；

② 株高应为地表面至树顶端的高度；

③ 冠丛高应为地表面至乔（灌）木顶端的高度；

④ 篱高应为地表面至绿篱顶端的高度；

⑤ 生长期应为苗木种植至起苗的时间；

⑥ 养护期应为招标文件中要求苗木栽植后承包人负责养护的时间。

二、园路、园桥、假山工程工程量清单项目设置及工程量计算规则

1. 园路桥工程 （"计价规范"附录 E.2.1）

工程量清单项目设置及工程量计算规则，应按表 5-13（附录 E.2.1）的规定执行。

表 5-13　园路桥工程（编码 050201）

项目编码	项目名称	项目特征	计量单位	工程量计算规则	工程内容
050201001	园路	1. 垫层厚度、宽度、材料种类；2 路面厚度、宽度、材料种类；3. 混凝土强度等级；4. 砂浆强度等级	m²	按设计图示尺寸以面积计算。不包括路牙	1. 同路路基、路床整理；2. 垫层铺筑；3. 路面铺筑；4. 路面养护
050201002	路牙铺设	1. 垫层厚度、材料种类；2. 路牙材料种类、规格；3. 混凝土强度等级；4. 砂浆强度等级	m	按设计图示以长度计算	1. 基层清理；2. 垫层铺设；3. 路牙铺设
050201003	树池围牙、盖板	1. 围牙材料种类、规格；2. 铺设方式			1. 清理基层；2. 围牙、盖板运输；3. 围牙、盖板铺设
050201004	嵌草砖铺装	1. 垫层厚度；2. 铺设方式；3 嵌草砖品种、规格、颜色；4. 漏空部分填土	m²	按设计图示尺寸以面积计算	1. 原土夯实；2. 垫层铺设；3. 铺砖；4. 填土
050201005	石桥基础	1. 基础类型；2. 石料种类、规格；3. 混凝土强度等级；4. 砂浆强度等级	m³	按设计图示尺寸以体积计算	1. 围堰筑拆；2. 垫层铺筑；3. 基础砌筑、浇筑；4. 砌石

项目编码	项目名称	项目特征	计量单位	工程量计算规则	工程内容
050201006	石桥墩、石桥台	1. 石料种类、规格；2. 勾缝要求；3. 砂浆强度等级、配合比	m³	按设计图示尺寸以体积计算	1. 石料加工；2. 起重架搭、拆；3. 墩、台、旋石、旋脸砌筑；4. 勾缝
050201007	拱旋石制作、安装	1. 石料种类、规格；2 旋脸雕刻要求；3 勾缝要求；4. 砂浆强度等级、配合比	m²	按设计图示尺寸以面积计算	
050201008	石旋脸制作、安装		m³	按设计图示尺寸以体积计算	
050201009	金刚墙砌筑				1. 石料加工；2. 起重架搭、拆；3. 砌石；4桥心填土夯实
050201010	石桥面铺筑	1. 石料种类、规格；2. 找平层厚度、材料种类；3. 勾缝要求；4. 混凝土强度等级；5. 砂浆强度等级	m²	按设计图示尺寸以面积计算	1. 石材加工；2. 抹找平层；3. 起重架搭、拆；4. 桥面、桥面踏步铺没；5. 勾缝
050201011	石桥面檐板	1. 石料种类、规格；2. 勾缝要求；3. 砂浆强度等级、配合比			1. 石材加工；2. 檐板、仰天石、地伏石铺设；3 铁锔、银锭安装；4. 勾缝
050201012	仰天石、地伏石		m	按设计图示以长度计算	
050201013	石望柱	1. 石料种类、规格；2. 柱高、截面；3. 柱身雕刻要求；4. 柱头雕饰要求；5. 勾缝要求；6. 砂浆配合比	根	按设计图示以数量计算	1. 石料加工；2. 柱身、柱头雕刻；3. 望柱安装；4. 勾缝
050201014	栏杆、扶手	1. 石料种类、规格；2. 栏杆、扶手截面；3. 勾缝要求；4. 砂浆配合比	m	按设计图示以长度计算（斜栏板以斜长）计算	1. 石料加工；2. 安装栏杆、扶手；3 铁锔、银锭安装；4. 勾缝
050201015	栏板、撑鼓	1. 石料种类、规格；2. 栏板、撑鼓雕刻要求；3. 勾缝要求；4. 砂浆配合比	块	按设计图示数量计算	1. 石料加工；2. 栏板、撑鼓雕刻；3. 栏板、撑鼓安装；4. 勾缝
050201016	木质步桥	1. 桥宽度；2. 桥长度；3. 木材种类；4. 各部件截面长度；5. 防护材料种类	m³	按设计图示构件长度（包括桩尖、榫长）乘截面面积以体积计算	1木桩加工；2. 打木桩基础；3. 木梁、木桥板、木桥栏杆、木扶手制作、安装；4. 连接铁件、螺栓安装；5. 刷防护材料

2. 堆塑假山（"计价规范"附录 E.2.2）

工程量清单项目设置及工程量计算规则，应按表 5-14（附录 E.2.2）的规定执行。

表 5-14　堆塑假山（编码 050202）

项目编码	项目名称	项目特征	计量单位	工程量计算规则	工程内容
050202001	堆筑土山丘	1. 土丘高度；2. 土丘坡度要求；3. 土丘底外接矩形面积	m³	按设计图示山丘水平投影外接矩形面积乘高度的 1/3 以体机计算	1. 取土；2. 运土；3. 堆砌、夯实；4. 修整

项目编码	项目名称	项目特征	计量单位	工程量计算规则	工程内容
050202002	堆砌石假山	1. 土丘高度；2. 石料种类、单块重量；3. 混凝土强度等级；4. 砂浆强度等级、配合比	t	按设计图示尺寸以估算质量计算	1. 选料；2. 起重架搭拆；3. 堆砌、修整
050202003	塑假山	1. 假山高度；2. 骨架材料种类、规格；3. 山皮料种类；4. 混凝土强度等级；5. 砂浆强度等级、配合比；6. 防护材料种类	m²	按设计图示尺寸以估算质量计算	1. 骨架制作；2. 假山胎模制作；3. 塑假山；4. 山皮料安装；5. 刷防护材料
050202004	石笋	1. 石笋高度；2. 石笋材料种类；3. 砂浆强度等级、配合比	支	按设计图示数量计算	1. 选石料；2. 石笋安装
050202005	点风景石	1. 石料种类；2. 石料规格、重量；3. 砂浆配合比	块		1. 选石料；2. 起重架搭拆；3. 点石
050202006	池石、盆景山	1. 底盘种类；2. 山石高度；3. 山石种类；4. 混凝土砂浆强度等级；5 砂浆强度等级、配合比	座/个	按设计图示数量计算	1. 底盘制作安装；2. 池石、盆景山安装、砌筑
050202007	山石护角	1. 石料种类、规格；2. 砂浆配合比	m³	按设计图示尺寸以体积计算	1. 石料加工；2. 砌石
050202008	山坡石台阶	1. 石料种类、规格；2. 台阶坡度；3. 砂浆强度等级	m²	按设计图示尺寸以水平投影面积计算	1. 石料加工；2. 台阶、踏步砌筑

3. 驳岸（"计价规范"附录 E.2.3）

工程量清单项目设置及工程量计算规则，应按表 5-15（附录 E.2.3）的规定执行。

表 5-15 驳岸（编码 050203）

项目编码	项目名称	项目特征	计量单位	工程量计算规则	工程内容
050203001	石砌驳岸	1. 石料种类、规格；2. 驳岸截面、长度；3. 勾缝要求；4. 砂浆强度等级、配合比	m³	按设计图示尺寸以体积计算	1. 石料加工；2. 砌石；3. 勾缝
050203002	原木桩驳岸	1. 木材种类；2. 桩直径；3. 桩单根长度；4. 防护材料种类	m	按设计图示以桩长（包括桩尖）计算	1. 木桩加工；2. 打木桩；3. 刷防护材料
050203003	散铺砂卵石护岸（自然护岸）	1. 护岸平均宽度；2 粗细砂比例；3. 卵石粒径；4. 大卵石粒径、数量	m²	按设计图示平均护岸宽度乘护岸长度以面积计算	1. 修边坡；2. 铺卵石、点布大卵石

三、园林景观工程工程量清单项目设置及工程量计算规则

1. 原木、竹构件（"计价规范"附录 E.3.1）

工程量清单项目设置及工程量计算规则，应按表 5-16（附录 E.3.1）的规定执行。

表 5-16　原木、竹构件（编码 050301）

项目编码	项目名称	项目特征	计量单位	工程量计算规则	工程内容
050301001	原木(带树皮)柱、梁、檩、椽		m	按设计图示以长度计算(包括榫长)	
050301002	原木(带树皮)墙	1. 原木种类；2. 原木梢径(不含树皮厚度)；3. 墙龙骨材料种类、规格；4. 墙底层材料种类、规格；5. 构件连接方式；6. 防护材料种类	m²	按设计图示尺寸以面积计算(不包括柱、梁)计算	
050301003	树枝吊挂楣子			按设计图示尺寸以框外围面积计算	1. 构件制作；2. 构件安装；3. 刷防护材料
050301004	竹柱、梁、檩、椽	1. 竹种类；2. 竹梢径；3. 连接方式；4. 防护材料种类	m	按设计图示以长度计算	
050301005	竹编墙	1. 竹种类；2. 墙龙骨材料种类、规格；3. 墙底层材料种类、规格；4. 防护材料种类	m²	按设计图示尺寸以面积计算(不包括柱、梁)	
050301006	竹吊挂楣子	1. 竹种类；2. 竹梢径；3. 防护材料种类		按设计图示尺寸框外围面积计算	

2. 亭廊屋面（"计价规范"附录 E.3.2）

工程量清单项目设置及工程量计算规则，应按表 5-17（附录 E.3.2）的规定执行。

表 5-17　亭廊屋面（编码 050302）

项目编码	项目名称	项目特征	计量单位	工程量计算规则	工程内容
050302001	草屋面				
050302002	竹屋面	1. 屋面坡度；2. 铺草种类；3. 竹材种类；4. 防护材料种类	m²	按设计图示尺寸一斜面面积计算	1. 整理、选料；2. 屋面铺设；3. 刷防护材料
050302003	树皮屋面				
050302004	现浇混凝土斜屋面板	1. 檐口高度；2. 屋面坡度；3. 板厚；4. 椽子截面；5. 老角梁、子角梁截面；6. 脊截面；7. 混凝土强度等级	m³	按设计图示尺寸以体积计算。混凝土屋脊并入屋面体积内	混凝土制作、运输、浇筑、振捣、养护
050302005	现浇混凝土攒尖亭屋面板				
050302006	就位预制混凝土攒尖亭屋面板	1. 亭屋面坡度；2. 穿顶弧长、直径；3. 肋截面尺寸；4. 板厚；5. 混凝土强度等级；6. 砂浆强度等级；7. 拉杆材质、规格	m³	按设计图示尺寸以体积计算。混凝土脊和穿顶的肋、基梁并入屋面体积内	1. 混凝土制作、运输、浇筑、振捣、养护；2. 预埋铁件、拉杆安装；3 构件出槽、养护、安装；4. 接头灌缝
050302007	就位预制混凝土穿顶				

项目编码	项目名称	项目特征	计量单位	工程量计算规则	工程内容
050302008	彩色压型钢板(夹心板)攒尖亭屋面板	1. 屋面坡度;2. 穹顶弧长、直径;3. 彩色压型钢板(夹心板);品种、规格、品牌、颜色;4. 拉杆材质、规格;5. 嵌缝材料种类;6. 防护材料种类	m²	按设计图示尺寸以面积计算	1. 压型板安装;2. 护角、包角、泛水安装;3. 嵌缝;4. 刷防护材料
050302009	彩色压型钢板(夹心板)穹顶				

3. 花架("计价规范"附录 E.3.3)

工程量清单项目设置及工程量计算规则,应按表 5-18(附录 E.3.3)的规定执行。

表 5-18　花架(编码 050303)

项目编码	项目名称	项目特征	计量单位	工程量计算规则	工程内容
050303001	现浇混凝土花架柱、梁	1. 柱截面、高度、根数;2. 盖梁截面、高度、根数;3. 连系梁截面、高度、根数;4. 混凝土强度等级	m³	按设计图示尺寸以体积计算	1. 土石运挖;2. 混凝土制作、运输浇筑、振捣、养护
050303002	预制混凝土花架柱、梁	1. 柱截面、高度、根数;2. 盖梁截面、高度、根数;3. 连系梁截面、高度、根数;4. 混凝土强度等级;5. 砂浆配合比例	m³	按设计图示尺寸以体积计算	1. 土(石)方挖运;2. 混凝土制作、运输、浇;筑、振捣、养护;3. 构件制作、运输、安装;4. 砂浆制作、运输;5. 接头灌缝、养护
050303003	木花架柱、梁	1. 木材种类;2. 柱、梁截面;3. 连接方式;4. 防护材料种类	m³	按设计图示截面乘长度(包括榫长)以体积计算	1. 土(石)方挖运;2. 混凝土制作、运输、浇筑、振捣、养护;3 构件制作、运输、安装;4. 刷防护材料、油漆
050303004	钢花架柱、梁	1. 钢材品种、规格;2. 柱、梁截面;3. 油漆品种、刷漆遍数	t	按设计图示以质量计算	

4. 园林桌椅("计价规范"附录 E.3.4)

工程量清单项目设置及工程量计算规则,应按表 5-19(附录 E.3.4)的规定执行。

表 5-19　园林桌椅(编码 050304)

项目编码	项目名称	项目特征	计量单位	工程量计算规则	工程内容
050304001	木制飞来椅	1. 木材种类;2. 座凳面厚度、宽度;3. 靠背扶手截面形状、尺寸;4 靠背形状、尺寸;5. 座凳楣子形状、尺寸;6. 铁件尺寸、厚度 7. 油漆品种、刷油遍数	m	按设计图示尺寸以座凳面中心线长度计算	1. 座凳面、靠背扶手、靠背、楣子制作、安装;2. 安装铁件;3. 刷油漆
050304002	钢筋混凝土飞来椅	1. 座凳面厚度、宽度;2. 靠背扶手截面;3. 靠背截面;4. 座凳楣子形状、尺寸;5. 混凝土强度等级;6. 砂浆配合比;7. 油漆品种、刷油遍数			1. 混凝土制作、运输、浇筑、振捣、养护;2. 预制件运输、安装;3. 砂浆制作、运输、抹面、养护;4. 刷油漆

项目编码	项目名称	项目特征	计量单位	工程量计算规则	工程内容
050304003	竹制飞来椅	1. 竹材种类；2. 座凳面厚度、宽度；3. 靠背扶手梢径；4. 靠背截面；5. 座凳楣子形状、尺寸；6. 铁件尺寸、厚度；7. 防护材料种类	m	按设计图示尺寸以座凳面中心线长度计算	1. 座凳面、靠背扶手、靠背、楣子制作安装；2. 安装铁件；3. 刷防护材料
050304004	现浇混凝土桌凳	1. 桌、凳形状；2. 基础尺寸、埋设深度；3. 桌面尺寸、支墩高度；4. 凳面尺寸、支墩高度；5. 混凝土强度等级、砂浆配合比	个	按设计图示数量计算	1. 土方挖运；2. 制作、运输、浇筑、振捣、养护混凝土；3. 桌、凳制作；4. 砂浆制作、运输；5. 桌、凳安砌
050304005	预制混凝土桌凳	1. 桌、凳形状；2. 基础形状、尺寸、埋设深度；3. 桌面形状、尺寸、支墩高度；4. 凳面尺寸、支墩高度；5. 混凝土强度等级；6. 砂浆配合比	个	按设计图示数量计算	1. 混凝土制作、运输、浇筑、振捣、养护；2. 预制件制作、运输、安装；3. 砂浆制作、运输；4. 接头灌缝、养护
050304006	石桌、石凳	1. 石材种类；2. 基础形状、尺寸、埋设深度；3. 桌面形状、尺寸、支墩高度；4. 凳面形状、尺寸、支墩高度；5. 混凝土强度等级；6. 砂浆配合比	个	按设计图示数量计算	1. 土方挖运；2. 制作、运输、浇筑振捣、养护混凝土；3. 桌、凳制作；4. 砂浆制作、运输；5. 桌、凳安砌
050304007	塑树根桌、凳	1. 桌、凳直径；2. 桌、凳高度；3. 砖石种类；4. 砂浆强度等级、配合比；5. 颜料品种、颜色	个	按设计图示数量计算	1. 土（石）方运挖；2. 砂浆制作、运输；3. 砖石砌筑；4. 塑树皮；5. 绘制木纹
050304008	塑树节椅	1. 桌、凳直径；2. 桌、凳高度；3. 砖石种类；4. 砂浆强度等级、配合比；5. 颜料品种、颜色	个	按设计图示数量计算	1. 土（石）方运挖；2. 砂浆制作、运输；3. 砖石砌筑；4. 塑树皮；5. 绘制木纹
050304009	塑料、铁艺、金属座椅	1. 木座板面截面；2. 塑料、铁艺、金属座椅规格、颜色；3. 混凝土强度等级；4. 防护材料种类	个	按设计图示数量计算	1. 土（石）方挖运；2. 混凝土制作、运输、浇筑、振捣、养护；3. 座椅安装；4. 木座板制作、安装；5. 刷防护材料

5. 喷泉安装（"计价规范"附录 E.3.5）

工程量清单项目设置及工程量计算规则，应按表 5-20（附录 E.3.5）的规定执行。

6. 杂项（"计价规范"附录 E.3.6）

工程量清单项目设置及工程量计算规则，应按表 5-21（附录 E.3.6）的规定执行。

表 5-20　喷泉安装（编码 050305）

项目编码	项目名称	项目特征	计量单位	工程量计算规则	工程内容
050305001	喷泉管道	1. 管材、管件、水泵、阀门、喷头品牌、规格、品牌；2. 管道固定方式；3. 防护材料种类	m	按设计图示以长度计算	1. 土（石）方挖运；2. 管道、管件、水泵、阀门、喷头安装；3. 刷防护材料；4. 回填
050305002	喷泉电缆	1. 保护管品种、规格；电缆品种、规格			1. 土（石）方挖运；2. 电缆保护管安装；3. 电缆敷设；4. 回填
050305003	水下艺术装饰灯具	1. 灯具品种、规格、品牌；2. 灯光颜色	套	按设计数量计算	1. 灯具安装；2. 支架制作、运输、安装
050305004	电气控制柜	1. 规格、型号；2. 安装方式	台		1. 电气控制柜（箱）安装；2. 系统调试

表 5-21　杂项（编码 050306）

项目编码	项目名称	项目特征	计量单位	工程量计算规则	工程内容
050306001	石灯	1. 石料种类；2. 石灯最大截面；3. 石灯高度；4. 混凝土强度等级；5. 砂浆配合比	个	按设计图示数量计算	1. 土（石）方挖运；2. 混凝土制作、运输、浇筑、振捣、养护；3. 石灯制作、安装
050306002	塑仿石音箱	1. 音箱石内空尺寸；2 铁丝型号；3. 砂浆配合比；4. 水泥漆品牌、颜色	个	按设计图示数量计算	1. 胎模制作、安装；2. 铁丝网制作、安装；3. 砂浆制作、运输、养护；4. 喷水泥漆；5. 埋置仿石音箱
050306003	塑树皮梁、柱	1. 塑树种类；2. 塑竹种类；3. 砂浆配合比；4. 颜料品种、颜色	m²	按设计图示尺寸以梁柱外表面积计算	1. 灰塑；2. 刷涂颜料
050306004	塑竹梁、柱				
050306005	花坛铁艺栏杆	1. 铁艺栏杆高度；2. 铁艺栏杆单位长度、重量；3. 防护材料种类	m	按设计图示长度计算	1. 铁艺栏杆安装；2. 刷防护材料
050306006	标志牌	1. 材料种类、规格；2. 镌字规格、种类；3. 喷字规格、颜色；4. 油漆品种、颜色	个	按设计图示数量计算	1. 选料；2. 标志牌制作；3. 雕凿；4. 镌字、喷字；5. 运输、安装；6. 刷油漆
050306007	石浮雕	1. 石料种类；2. 浮雕种类；3. 防护材料种类	m²	按设计图示尺寸以雕刻部分外接矩形面积计算	1. 放样；2 雕琢；3. 刷防护材料
050306008	石镌字	1. 石料种类；2. 镌字种类；3. 镌字规格；4. 防护材料种类	个	按设计数量计算	1. 放样；2. 雕琢；3. 刷防护材料
050306009	砖石砌小摆设	1. 砖种类、规格；2. 石种类、规格；3. 砂浆强度等级、配合比；4. 石表面加工要求；5. 勾缝要求	m³	按设计图示尺寸以体积计算	1. 砂浆制作、运输；2. 砌砖、石；3. 抹面、养护；4. 勾缝；5. 石表面加工

7. 其他相关问题，应按下列规定处理（"计价规范"附录 E.3.7）

① 柱顶石（磉蹬石）、木柱、木屋架、钢柱、钢屋架、屋面木基层和防水层等，应按附

录 A 相关项目编码列项。

② 需要单独列项目的土石方和基础项目，应按附录 A 相关项目编码列项。

③ 木构件连接方式应包括：开榫连接、铁件连接、扒钉连接、铁钉连接。

④ 竹构件连接方式应包括：竹钉固定、竹篾绑扎、铁丝绑扎。

⑤ 膜结构的亭、廊，应按附录 A 相关项目编码列项。

⑥ 喷泉水池应按附录 A 相关项目编码列项。

⑦ 石浮雕应按表 5-22 分类。

表 5-22 不同石浮雕的加工内容

浮雕种类	加 工 内 容
阴线刻（素平）	首先磨光磨平石料表面，然后再刻凹线（深度在 2～3mm）勾画出人物、动植物或山水
平浮雕（减地平）	首先扁光石料表面，然后凿出堂子（凿深在 60mm 以内），凸出欲雕图案。图案凸出的平面应达到"扁光"、堂子达到"钉细麻"
浅浮雕（压地隐起）	首先凿出石料初形，凿出堂子（凿深在 60～200mm 以内），凸出欲雕图形，再加工雕饰图形，使其表面有起有伏，有立体感。图形表面应达到"二遍剁斧"，堂子达到"钉细麻"
高浮雕（易地起突）	首先凿出石料初形，然后凿掉欲雕图形多余部分（凿深在 200mm 以上），凸出欲雕图形，再细雕图形，使之有较强的立体感（有时高浮雕的个别部位与堂子之间漏空）。图形表面达到"四遍剁斧"，堂子达到"钉细麻"或"扁光"

⑧ 石镌字种类应是指：阴文和阴包阳。

⑨ 砌筑果皮箱、放置盆景的须弥座等，应按"计价规范"附录 E.3.6 中砖石砌小摆设项目编码列项。

第四节　工程量清单投标报价编制

一、园林绿化工程工程量清单投标报价操作规程

① 园林绿化工程工程量清单报价应包括按照招标文件规定，完成园林工程工程量清单所列项目的全部费用，包括分部分项工程费、措施项目费、其他项目费、规费和税金。

② 园林绿化工程工程量清单投标报价应根据招标文件的有关要求和园林工程工程量清单、结合施工现场实际情况、拟订的施工方案或施工组织设计、投标人自身情况，依据企业定额和市场价格信息，或参照各省颁布的"计价依据"以及建设工程工程量清单计价指引进行编制。

③ 园林绿化工程工程量清单报价应统一使用综合单价计价方法。

综合单价计价方法是指项目单价采用全费用单价（规费、税金按各省建设工程施工取费定额规定的程序另行计算）的一种计价方法。

④ 园林绿化工程工程量清单报价格式应与招标文件一起发至投标人。

⑤ "其他项目清单"和"零星工作项目表"以空白表格形式提供的，"其他项目清单计价表"、"零星工作项目计价表"中小计和合计栏均以"0"计价。

二、园林绿化工程工程量清单投标报价编制步骤及相关概念

(1) 填写"封面"（内容及格式见表 5-23）：按照表中规定的内容填写、签字、盖章。

（2）填写总说明（表5-24）

其具体内容如下。

① 工程概况，包括拟建工程的建设规模、工程特征、招标人要求的计划工期、施工现场实际情况、施工地区交通运输情况、自然地理条件（水质、气象等）、环境保护要求等。

② 工程招标和分包的范围。

③ 工程量清单编制采用的计价依据。

④ 工程质量、材料、施工等的特殊要求。

⑤ 综合单价中包含的风险因素、风险范围。

⑥ 措施项目的依据。

⑦ 其他有关内容的说明等。

（3）工程项目投标报价汇总表（表5-25），表中单项工程名称和金额应该与单项工程费汇总表的内容一致。

（4）单项工程投标报价汇总表（表5-26）

（5）单位工程投标报价汇总表（表5-27）

（6）分部分项工程量清单投标报价表（表5-28）

综合单价：完成工程量清单中一个规定计量单位项目所需的人工费、材料费、机械使用费、管理费和利润，并考虑风险因素。

从综合单价的概念中可以看出，它是企业自主报价，企业能够给出综合单价不是一件容易的事。企业的综合单价形成和发展要经历由不成熟到成熟、由实践到理论的多次反复滚动的积累过程。在这个过程中，企业的生产技术在不断发展，管理水平和管理体制也在不断更新。企业定额的制定过程是一个快速互动的内部自我完善过程，编织企业定额，除了要有充分的资料积累外，还必须运用计算机等科学的手段和先进的管理思想作为指导。目前，由于大多数施工企业还未能形成自己的企业定额，在制定综合单价时，多是参考地区定额内各相应子目的工料消耗量，乘以自己在支付人工、购买材料、使用机械和消耗能源方面的市场单价，再加上由地区定额制定的按企业类别或工程类别的综合管理费率和优惠折扣系数。相当于把一个工程按清单内的细目划分变成一个个独立的工程项目套用定额，其实质，仍旧沿用了定额计价模式去处理，只不过表现形式不同而已。

（7）定额措施项目清单报价表（表5-29）

定额措施费包括以下内容。

① 特（大）型机械设备进出场及安、拆费：是指机械整体或分体自停放场地运至施工现场进行安装、拆卸所需的人工费、材料费、机械费、试运转费和安装所需的辅助设施的费用。

② 混凝土、钢筋混凝土模板及支架费：是指混凝土施工过程中需要的各种模板、支架等的支、拆、运输费用及模板、支架的摊销（或租赁）费用。

③ 垂直运输费：是指施工需要的垂直运输机械的使用费用。

④ 施工排水、降水费：是指为确保工程在正常条件下施工，采取各种排水、降水措施所发生的各项费用。

⑤ 建筑物（构筑物）超高费：是指建（构）筑物檐高超过20m（或6层）时需要增加的人工和机械降效等费用。

⑥《建设工程工程量清单计价规范》规定的各专业所列的各项措施费用（不包括室内空

气污染测试费、脚手架费）。

（8）通用措施项目清单报价表（表 5-30）

本表各项费用计算参照拟建工程所在地区的《费用定额》规定的标准计算。

（9）其他项目清单报价表（表 5-31）

（10）暂列金额报价明细表（表 5-32）

（11）材料暂估单价明细表（表 5-33）

投标人按招标人提供的材料单价计入相应工程量清单综合单价报价中。

（12）专业工程暂估价明细表（表 5-34）

（13）计日工报价明细表（表 5-35）

（14）总承包服务费报价明细表（表 5-36）

（15）补充工程量清单项目及计算规则表（表 5-37）

（16）安全文明施工费报价表（表 5-38）

（17）规费、税金报价表（表 5-39）

规费是指政府和有关权力部门规定必须缴纳的，应计入建筑安装工程造价的费用。

招投标工程在编制招标控制价时，应按照拟建工程所在省（区、市）的《费用定额》规定的标准计取，投标报价时，应按照招标文件中提供的金额计入投标报价。招标工程、非招标工程在结算时，应按照建设行政主管部门核定的标准计算。

规费内容包括：养老保险费、医疗保险费、失业保险费、工伤保险费、生育保险费、住房公积金、危险作业意外伤害保险费、工程排污费。

（18）分部分项工程量清单综合单价分析表（表 5-40）

企业管理费和利润不低于拟建工程所在省的《费用定额》规定的标准下限值计算。

（19）定额措施项目工程量清单综合单价分析表（表 5-41）

三、工程量清单投标报价格式

表 5-23　投标总价封面

投 标 总 价

招　　标　　人：

工 程 名 称：

投标总价（小写）：

（大写）：

投　　标　　人：

（单位盖章）

法 定 代 表 人

或 其 授 权 人：

（签字或盖章）

编　　制　　人：

（造价人员签字该专用章）

编 制 时 间：　　年　月　日

摘自《黑龙江建设工程费用定额》

表 5-24　总说明

工程名称：　　　　　　　　　　　　　　　　　　　　　　　　　　第　页共　页

摘自《黑龙江建设工程费用定额》

表 5-25　工程项目投标报价汇总表

工程名称：　　　　　　　　　　　　　　　　　　　　　　　　　　第　页共　页

序号	单项工程名称	金额/元	其中		
			暂估价/元	安全文明施工费/元	规费/元
	合计				

注：暂估价包括分部分项工程中的暂估价和专业工程暂估价。

摘自《黑龙江建设工程费用定额》

表 5-26　单项工程投标报价汇总表

工程名称：　　　　　　　　　　　　　　　　　　　　　　　　　　第　页共　页

序号	单项工程名称	金额/元	其中		
			暂估价/元	安全文明施工费/元	规费/元
	合计				

注：暂估价包括分部分项工程中的暂估价和专业工程暂估价。

摘自《黑龙江建设工程费用定额》

表 5-27 单位工程投标报价汇总表

工程名称： 第 页 共 页

序号	汇总内容	金额/元	其中:暂估价/元
1	分部分项工程		
A	其中:计费人工费		
2	措施费		
2.1	定额措施费		
B	其中:计费人工费		
2.2	通用措施费		
3	其他费用		
3.1	暂列金额		
3.2	专业工程暂估价		
3.3	计日工		
3.4	总承包服务费		
4	安全文明施工费		
4.1	环境保护等五项费用		
4.2	安全施工费		
5	规费		
6	税金		
	合 计=1+2+3+4+5+6		

摘自《黑龙江建设工程费用定额》

表 5-28 分部分项工程量清单投标报价表

工程名称： 第 页 共 页

序号	项目编码	项目名称	项目特征描述	计量单位	工程量	金额/元		
						综合单价	合价	其中:暂估价
		分部小计						
		本页小计						
		合 计						

摘自《黑龙江建设工程费用定额》，2010 年

表 5-29 定额措施项目清单报价表

工程名称：　　　　　　　　　　　　　　　　　　　　　　　　　第　页　共　页

序号	项目编码	项目名称	项目特征描述	计量单位	工程量	金额/元		
						综合单价	合价	其中:暂估价
		分部小计						
			本页小计					
			合计					

注：此表适用于以综合单价形式计价的定额措施项目

摘自《黑龙江建设工程费用定额》

表 5-30 通用措施项目清单报价表

工程名称：　　　　　　　　　　　　　　　　　　　　　　　　　第　页　共　页

序号	项目名称	计费基础	费率/%	金额/元
1	夜间施工费	计费人工费		
2	二次搬运费	计费人工费		
3	已完工程及设施保护费	计费人工费		
4	工程定位、复测、点交、清理费	计费人工费		
5	生产工具用具使用费	计费人工费		
6	雨季施工费	计费人工费		
7	冬季施工费	计费人工费		
8	检验试验费	计费人工费		
9	室内空气污染测试费	根据实际情况确定		
10	地上、地下设施,建筑物的临时保护设施费	根据实际情况确定		
		合计		

表 5-31 其他项目清单报价表

工程名称：　　　　　　　　　　　　　　　　　　　　　　　　　第　页　共　页

序号	项目名称	计量单位	金额/元	备注
1	暂列金额			
2	暂估价		—	
2.1	材料暂估价			
2.2	专业工程暂估价			
3	计日工			
4	总承包服务费			
	合计			

注：材料暂估价进入清单项目综合单价，此处不汇总。

摘自《黑龙江建设工程费用定额》，2010 年

表 5-32 暂列金额报价明细表

工程名称：　　　　　　　　　　　　　　　　　　　　　　　　　　　　　　　第　页　共　页

序号	项目名称	计量单位	暂定金额/元	备注
1				
2				
3				
4				
5				
6				
合　计				

注：投标人按招标人提供的项目金额计入投标报价。

摘自《黑龙江建设工程费用定额》，2010年

表 5-33 材料暂估单价明细表

工程名称：　　　　　　　　　　　　　　　　　　　　　　　　　　　　　　　第　页　共　页

序号	材料名称、规格、型号	计量单位	单价/元	备注

注：投标人按招标人提供的材料单价计入相应工程量清单综合单价报价中。

摘自《黑龙江建设工程费用定额》，2010年

表 5-34 专业工程暂估价明细表

工程名称：　　　　　　　　　　　　　　　　　　　　　　　　　　　　　　　第　页　共　页

序号	工程名称	工程内容	金额/元	备注
合　计				

注：投标人按招标人提供的专业工程暂估价计入投标报价中。

摘自《黑龙江建设工程费用定额》，2010年

表 5-35 计日工报价明细表

工程名称：　　　　　　　　　　　　　　　　　　　　　　　　　　　　　　　第　页　共　页

序号	项目名称	单位	暂定数量	综合单价/元	合价/元
一、	人工				
1					
2					
人工小计					

106　　　　　园林工程预算

序号	项目名称	单位	暂定数量	综合单价/元	合价/元
二、	**材料**				
1					
2					
	材料小计				
三、	**施工机械**				
1					
2					
	施工机械小计				
	总　计				

注：项目名称、数量按招标人提供的填写，单价由投标人自主报价，计入投标报价。

表 5-36　总承包服务费报价明细表

工程名称：　　　　　　　　　　　　　　　　　　　　　　　　第　页　共　页

序号	项目名称	项目价值	计费基础	服务内容	费率/%	金额/元
1	发包人供应材料		供应材料费用			
2	发包人采购设备		设备安装费用			
3	发包人发包专业工程		专业工程费用			
	合计					

注：投标人按招标人提供的服务项目内容，自行确定费用标准计入投标报价中。

表 5-37　补充工程量清单项目及计算规则表

工程名称：　　　　　　　　　　　　　　　　　　　　　　　　第　页　共　页

序号	项目编码	项目名称	项目特征	计量单位	工程量计算规则	工程内容

摘自《黑龙江建设工程费用定额》，2010 年

表 5-38　安全文明施工费报价表

工程名称：　　　　　　　　　　　　　　　　　　　　　　　　第　页　共　页

序号	项目名称	金额/元
1	环境保护等五项费用	
(1)	环境保护费文明施工费	
(2)	安全施工费	
(3)	临时设施费	
(4)	防护用品等费用	
2	脚手架费	
	合计	

注：投标人应按招标人提供的安全文明施工费计入投标报价中。计算基础：分部分项工程费＋措施费＋其他费用。

表 5-39　规费、税金报价表

工程名称：　　　　　　　　　　　　　　　　　　　　　　　　　　第　页　共　页

序号	项目名称	计算基础	费率/%	金额/元
1	规费			
1.1	养老保险费			
1.2	医疗保险费			
1.3	失业保险费			
1.4	工伤保险费	分部分项工程费＋措施费＋其他费用		
1.5	生育保险费			
1.6	住房公积金			
1.7	危险作业意外伤害保险费			
1.8	工程排污费			
	小计			
2	税金	分部分项工程费＋措施费＋其他费用＋安全文明施工费＋规费		
	合　　计			

注：投标人应按招标人提供的规费计入投标报价中。

表 5-40　分部分项工程量清单综合单价分析表

工程名称：　　　　　　　　　　　　　　　　　　　　　　　　　　第　页　共　页

项目编码		项目名称						计量单位						
综合单价组成明细														
定额编号	定额名称	定额单位	数量	单价/元							合价/元							
				人工费	人工费价差	材料费	材料风险费	机械费	机械风险费	企业管理费	利润	人工费	人工费价差	材料费	材料风险费	机械费	机械风险费	企业管理费	利润
人工单价			小　　计																
元/工日			未计价材料费																
清单项目综合单价/元																			

材料费明细	主要材料名称、规格、型号	单位	数量	单价/元	合价/元	暂估单价	暂估合价
	其他材料费			—		—	
	材料费小计			—		—	

注：招标文件提供了暂估单价的材料，按照暂估的单价填入表内的"暂估单价"栏及"暂估合价"栏。

表 5-41　定额措施项目工程量清单综合单价分析表

工程名称：　　　　　　　　　　　　　　　　　　　　　　　　第　页 共　页

项目编码		项目名称						计量单位		

综合单价组成明细

定额编号	定额名称	定额单位	数量	单价/元							合价/元						
				人工费	人工费价差	材料费	材料风险费	机械费	机械风险费	企业管理费	利润	人工费	人工费价差	材料费	材料风险费	机械费	机械风险费	企业管理费	利润

人工单价		小　　计																
元/工日		未计价材料费																
清单项目综合单价/元																		

材料费明细	主要材料名称、规格、型号		单位	数量	单价/元	合价/元	暂估单价	暂估合价
	其他材料费				—		—	
	材料费小计				—		—	

注：1. 此表适用于以综合单价形式计价的定额措施项目。

　　2. 招标文件提供了暂估单价的材料，按照暂估的单价填入表内的"暂估单价"栏及"暂估合价"栏。

第五节　园林工程量清单计价法预算编制实例

一、任务提出

根据招标文件中的工程量清单（表 5-42），利用工程量清单计价方法计算工程造价。

表 5-42　分部分项工程量清单

工程名称：××城市休闲绿地绿化工程

序号	项目编码	项目名称	项目特征描述	计量单位	工程量
1	050101006001	整理绿化用地		m²	3200
2	050102001001	栽植乔木 红皮云杉	$d=9\sim10cm$；养护期一年	株	5
3	050102001002	栽植乔木 红皮云杉	$d=5\sim6cm$；养护期一年	株	7
4	050102001003	栽植乔木 造型油松	$d=17\sim18cm$；养护期一年	株	2
5	050102001004	栽植乔木 白桦	$d=10\sim12cm$；养护期一年	株	26
6	050102001005	栽植乔木 国槐	$d=17\sim18cm$；养护期一年	株	10
7	050102004001	栽植灌木 丛生丁香	$H=201\sim250cm$；养护期一年	株	10
8	050102004002	栽植灌木 黄刺玫	$H=201\sim250cm$；养护期一年	株	3

序号	项目编码	项目名称	项目特征描述	计量单位	工程量
9	050102004003	栽植灌木 水蜡球	H=81~100cm;养护期一年	株	4
10	050102007001	栽植色带 金叶榆	H=36~40cm;养护期一年	m²	149
11	050102010001	铺种草皮 早熟禾		m²	4680
12	050201001001	园路		m²	1059
13	050201001002	广场砖铺装		m²	967

二、具体实施

可参照表 5-43～表 5-66。

表 5-43　投标总价

招　标　人：＿＿＿＿＿＿＿＿＿＿＿＿＿＿＿＿＿＿＿

工　程　名　称：××城市休闲绿地绿化工程＿＿＿＿＿＿＿＿＿

投标总价(小写)：616,011.13　元

　　　　(大写)：陆拾壹万陆仟零壹拾壹元壹角叁分＿＿＿＿＿＿＿＿

投　标　人：＿＿＿＿＿＿(略)＿＿＿＿＿＿＿

　　　　　　　　(单位盖章)

法　定　代　表　人

或　其　授　权　人：＿＿＿＿＿＿(略)＿＿＿＿＿＿

　　　　　　　　(签字或盖章)

编　制　人：＿＿＿＿＿＿(略)＿＿＿＿＿＿

　　　　(造价人员签字盖专用章)

编　制　时　间：　　年　　月　　日

表 5-44　总说明

工程名称：××城市休闲绿地绿化工程

1. 依据2010年黑龙江省建设工程计价依据、甲方提供工程量清单
2. 清单计价无预留金、工程分包和材料购置费、零星工作项目费、定额措施项目费
3. 材料价格按照2010年信息价及当前市场价
4. 绿化工程考虑换土、施肥等;现场原有路面、围墙和设施基础等拆除和清运,如现场发生按签证处理
5. 绿化工程计算中已计入一年养护期费用
6. 施工中如有与施工图和预算不符的按设计变更签证处理

表 5-45　工程项目投标价汇总表

工程名称：××城市休闲绿地绿化工程

序号	单项工程名称	金额/元	其中		
			暂估价/元	安全文明施工费/元	规费/元
1	绿化工程	616,011.13		6042.74	24509.81
	合计	616,011.13		6042.74	24509.81

表 5-46 单项工程投标报价汇总价表

工程名称：××城市休闲绿地绿化工程

序号	单位工程名称	金额/元	其中		
			暂估价	安全文明施工费	规费
1	栽植工程	（略）			
2	道路广场铺装工程	（略）			
	合计	616,011.13		6042.74	24509.81

表 5-47 单位工程投标报价汇总表

工程名称：××城市休闲绿地绿化工程

序号	汇总内容	金额/元	其中:暂估价/元
（一）	分部分项工程费	561170.47	
（二）	措施费	3571.85	
（1）	定额措施费		
（2）	通用措施费	3571.85	
（三）	其他费用		
（3）	暂列金额		
（4）	专业工程暂估价		
（5）	计日工		
（6）	总承包服务费		
（四）	安全文明施工费	6042.74	
（7）	环境保护等五项费用	6042.74	
（8）	脚手架费		
（五）	规费	24509.81	
（六）	税金	20716.26	

表 5-48 分部分项工程量清单投标报价表

工程名称：××城市休闲绿地绿化工程

序号	项目编码	项目名称	项目特征描述	计量单位	工程量	综合单价	合价	其中:暂估价
1	050101006001	整理绿化用地		m^2	3200	3.28	10496	
2	050102001001	栽植乔木 红皮云杉	$d=9\sim10cm$;养护期一年	株	5	3726.01	18630.05	
3	050102001002	栽植乔木 红皮云杉	$d=5\sim6cm$;养护期一年	株	7	1242.34	8696.38	
4	050102001003	栽植乔木 造型油松	$d=17\sim18cm$;养护期一年	株	2	5482.74	10965.48	
5	050102001004	栽植乔木 白桦	$d=10\sim12cm$;养护期一年	株	26	2546.85	66218.1	
6	050102001005	栽植乔木 国槐	$d=17\sim18cm$;养护期一年	株	10	3327.55	33275.5	
7	050102004001	栽植灌木 丛生丁香	$H=201\sim250cm$;养护期一年	株	10	1676.07	16760.7	
8	050102004002	栽植灌木 黄刺玫	$H=201\sim250cm$;养护期一年	株	3	475.92	1427.76	
9	050102004003	栽植灌木 水蜡球	$H=81\sim100cm$;养护期一年	株	4	200.63	802.52	
10	050102007001	栽植色带 金叶榆	$H=36\sim40cm$;养护期一年	m^2	149	321.86	47957.14	
11	050102010001	铺种草皮 早熟禾		m^2	4680	22.42	104925.6	
12	050201001001	园路		m^2	1059	95.02	100626.18	
13	050201001002	广场砖铺装		m^2	967	145.18	140389.06	
		分部小计					561170.47	

表 5-49　定额措施项目清单报价表

工程名称：××城市休闲绿地绿化工程

序号	项目编码	项目名称	项目特征描述	计量单位	工程量	金额/元		
						综合单价	合价	其中：暂估价
1	1.1	特(大)型机械设备进出场及安拆费		项	1			
1.1				项	1			
2	1.2	混凝土、钢筋混凝土模板及支架费		项	1			
2.1				项	1			
3	1.3	施工排水、降水费		项	1			
3.1				项	1			
4	1.4	垂直运输费		项	1			
4.1				项	1			
5	1.5	建筑物(构筑物)超高费		项	1			
5.1				项	1			
		分部小计						

表 5-50　通用措施项目清单报价表

工程名称：××城市休闲绿地绿化工程

序号	项目名称	计算基础	费率/%	金额/元
1	夜间施工费	分部分项计费人工费＋定额措施计费人工费	0.08	91.88
2	二次搬运费	分部分项计费人工费＋定额措施计费人工费	0.08	91.88
3	已完工程及设备保护费	分部分项计费人工费＋定额措施计费人工费	0.11	126.34
4	工程定位、复测、点交、清理费	分部分项计费人工费＋定额措施计费人工费	0.11	126.34
5	生产工具用具使用费	分部分项计费人工费＋定额措施计费人工费	0.14	160.79
6	雨季施工费	分部分项计费人工费＋定额措施计费人工费	0.11	126.34
7	冬季施工费	分部分项计费人工费＋定额措施计费人工费	1.34	1538.99
8	检验试验费	分部分项计费人工费＋定额措施计费人工费	1.14	1309.29
9	室内空气污染测试费	根据实际情况确定		
10	地上、地下设施,建(构)筑物的临时保护设施费	按实际发生计算		
11	赶工施工费	按实际发生计算		

提示：1~8 项目计算方法＝人工费×费率(本案例取黑龙江省费率,预算时应参照工程所在地的取费标准)。

表 5-51　其他项目清单报价表

工程名称：××城市休闲绿地绿化工程

序号	项目名称	计量单位	金额/元	备注
1	暂列金额	元		明细详见表
2	暂估价	元		
2.1	材料暂估价	元	—	明细详见表
2.2	专业工程暂估价	元		明细详见表
3	计日工	元		明细详见表
4	总承包服务费	元		明细详见表

提示：

1. 暂列金额＝分部分项工程费×费率（黑龙江规定费率10％～15％）

2. 总承包服务费＝单独分包专业工程的（分部分项工程费＋措施费）×费率（黑龙江规定费率3％～5％）

表 5-52　安全文明施工费报价表

工程名称：××城市休闲绿地绿化工程

序号	项目名称	金额/元
1	环境保护等五项费用	6042.74
2	脚手架费	

提示：

1. 环境保护等五项费用＝（分部分项工程费＋措施费＋其他费用）×费率

表 5-53　规费、税金报价表

工程名称：××城市休闲绿地绿化工程

序号	项目名称	计算基础	费率/％	金额/元
1	规费			24509.81
1.1	养老保险费		2.86	16151.63
1.2	医疗保险费		0.45	2541.34
1.3	失业保险费		0.15	847.11
1.4	工伤保险费		0.17	960.06
1.5	生育保险费	分部分项工程费＋措施费＋其他费用	0.09	508.27
1.6	住房公积金		0.48	2710.76
1.7	危险作业意外伤害保险费		0.09	508.27
1.8	工程排污费(包括固体废物及危险废物排污、噪声超标排污)		0.05	282.37
	小计			24509.81
2	税金	分部分项工程费＋措施费＋其他费用＋安全文明施工费＋规费	3.48	20716.26
	合　计			45226.07

工程名称：××城市休闲绿地绿化工程

表5-54 分部分项工程量清单综合单价分析表

项目编码	05010100600	项目名称	整理绿化用地	计量单位	m²

综合单价组成明细

定额编号	定额名称	定额单位	数量	单价/元								合价/元							
				人工费	人工费价差	材料费	材料风险费	机械费	机械风险费	企业管理费	利润	人工费	人工费价差	材料费	材料风险费	机械费	机械风险费	企业管理费	利润
1-18	整理绿化用地	10m²	0.1	26.5		351.5				2.65	3.45	2.65		0.02				0.27	0.35
补充材料001	草炭土	m³	0.0001			17.58								0.02					
小计												2.65		0.02				0.27	0.35
未计价材料费																			

人工单价				综合工日 53元/工日				

清单项目综合单价/元		3.28

材料费明细

	主要材料名称、规格、型号	单位	数量	单价/元	合价/元	暂估单价/元	暂估合价/元
材料费明细	材料风险费			—	0.02	—	—
	材料费小计			—	0.02		—

注：本案例根据黑龙江省建设工程计价依据《建设工程费用定额》计算。
1. 材料风险费=相应材料费×5%，机械风险费=相应施工机械台班费×3%，企业管理费=人工费×（6%～10%）（园林绿化），利润=人工费×（10%～13%）（园林绿化）计算。
2. 招标文件提供了暂估单价的材料，按照暂估的单价填入表内"暂估单价"栏及"暂估合价"栏。
各省规定不同，预算时应参照工程所在地的取费标准。

工程名称：××城市休闲绿地绿化工程

表5-55　分部分项工程量清单综合单价分析表

项目编码	0501020001001	项目名称	栽植乔木　红皮云杉	计量单位	株（株丛）

定额编号	定额名称	定额单位	数量	综合单价组成明细															
				单价/元								合价/元							
				人工费	人工费价差	材料费	材料风险费	机械费	机械风险费	企业管理费	利润	人工费	人工费价差	材料费	材料风险费	机械费	机械风险费	企业管理费	利润
1-26	起挖乔木（带土球）土球直径（cm以内）100	株	1	76.85		38.7	1.94	24.45	0.73	7.69	9.99	76.85		38.7	1.94	24.45	0.73	7.69	9.99
补充主材001	红皮云杉	株	1			3000	150							3000	150				
1-36	栽植乔木（带土球）土球直径（cm以内）100	株	1	56.18		2.28	0.11	24.45	0.73	5.62	7.3	56.18		2.28	0.11	24.45	0.73	5.62	7.3
1-142	树棍桩　四脚桩	株	1	4.24		90.85	4.54			0.42	0.55	4.24		90.85	4.54			0.42	0.55
1-151	人工换土乔灌木　土球直径（cm以内）100	株	1	22.79		35.91	1.8			2.28	2.96	22.79		35.91	1.8			2.28	2.96
1-210×6	人工胶塑管浇水　针叶乔木或灌木　树高（cm以内）>500 子目乘以系数6	100株	0.01	9326.94		3153.9	157.7			932.69	1212.5	93.27	-	31.54	1.58			9.33	12.13
1-304	树木松土施肥　范围　1m以内松土	100株	0.01	79.34						7.93	10.31	0.79						0.08	0.1
1-305	树木松土施肥　范围　1m以内施肥	100株	0.01	105.79		38	1.9			10.58	13.75	1.06		0.38	0.02			0.11	0.14
1-318	药剂杆部涂抹、注射　胸径40cm以上	10株	0.1	5.3						0.53	0.69	0.53						0.05	0.07
补充材料002	农药	kg	0.06			3.1	0.16							0.19	0.01				
1-323	树干涂白　胸径10cm以内	株	1	0.48		0.67	0.03			0.05	0.06	0.48		0.67	0.03			0.05	0.06

项目编码	050102001001	项目名称	栽植乔木	计量单位	株(株丛)

综合单价组成明细

定额编号	定额名称	定额单位	数量	单价/元								合价/元							
				人工费	人工费价差	材料费	材料风险费	机械费	机械风险费	企业管理费	利润	人工费	人工费价差	材料费	材料风险费	机械费	机械风险费	企业管理费	利润
人工单价												256.19		3200.52	160.03	48.9	1.46	25.63	33.3
综合工日53元/工日																			
小计																			
未计价材料费																			

综合项目综合单价/元 3090.4

清单项目综合单价/元 3726.01

材料费明细	主要材料名称、规格、型号	单位	数量	单价/元	合价/元	暂估单价/元	暂估合价/元
	草绳	kg	10	3.87	38.7		
	水	m³	4.3052	7.59	32.68		
	镀锌铁线12#~16#	kg	0.1	4.46	0.45		
	栽植用土	m³	0.64	56.11	35.91		
	高压胶塑管φ40	m	0.048	24.53	1.18		
	有机肥(土堆肥)	m³	0.004	96.19	0.38		
	生石灰	kg	1.2	0.2	0.24		
	盐(工业)	kg	0.1	0.34	0.03		
	硫磺	kg	0.1	3.58	0.36		
	农药	kg	0.06	3.1	0.19		
	红皮云杉 d=9~10cm	株	1	3000	3000	—	3000
	树棍	根	6	15	90	—	
	麻袋片	片	1	0.4	0.4	—	
	其他材料费					—	
	材料风险费				160.03	—	160.03
	材料费小计				3360.55	—	3360.55

表 5-56　分部分项工程量清单综合单价分析表

工程名称：××城市休闲绿地绿化工程

| 项目编码 | 05010200 1002 | 项目名称 | | 栽植乔木 红皮云杉 | | 计量单位 | | 株（株丛） |

综合单价组成明细

定额编号	定额名称	定额单位	数量	单价/元								合价/元							
				人工费	人工费价差	材料费	材料风险费	机械费	机械风险费	企业管理费	利润	人工费	人工费价差	材料费	材料风险费	机械费	机械风险费	企业管理费	利润
1-23	起挖乔木（带土球）土球直径(cm以内)60	株	1	18.02		15.48	0.77			1.8	2.34	18.02		15.48	0.77			1.8	2.34
补充主材002	栽植乔木 红皮云杉	株	1			860	43							860	43				
1-33	栽植乔木（带土球）土球直径(cm以内)60	株	1	21.2		0.76	0.04			2.12	2.76	21.2		0.76	0.04			2.12	2.76
1-142	树棍桩 四脚桩	株	1	4.24		90.85	4.54			0.42	0.55	4.24		90.85	4.54			0.42	0.55
1-148	人工换土乔木灌木 土球直径(cm以内)60	株	1	7.42		11.78	0.59			0.74	0.96	7.42		11.78	0.59			0.74	0.96
1-210*6	人工胶塑管浇水 乔木或灌木 针叶乔木 树高(cm以内)500 子目乘以系数6	100 株	0.01	9326.94		3153.9	157.7			932.69	1212.5	93.27		31.54	1.58			9.33	12.13
1-304	树木松土施肥 范围1m以内松土	100 株	0.01	79.34						7.93	10.31	0.79						0.08	0.1
1-305	树木松土施肥 范围1m以内施肥	100 株	0.01	105.79		38	1.9			10.58	13.75	1.06		0.38	0.02			0.11	0.14
1-316	药剂干部涂抹、注射 胸径20cm以内	10 株	0.1	3.55						0.36	0.46	0.36						0.04	0.05
补充材料002	农药	kg	0.0429			3.1	0.16							0.13	0.01				
1-322	树干涂白胸径6cm以内	株	1	0.32		0.46	0.02			0.03	0.04	0.32		0.46	0.02			0.03	0.04
人工单价	综合工日53元/工日			小计								146.68		1011.38	50.57			14.67	19.07
				未计价材料费										950.4					

项目编码	050102001002	项目名称	栽植乔木　红皮云杉	计量单位	株(株丛)

综合单价组成明细

定额编号	定额名称	定额单位	数量	单价/元								合价/元							
				人工费	人工费价差	材料费	材料风险费	机械费	机械风险费	企业管理费	利润	人工费	人工费价差	材料费	材料风险费	机械费	机械风险费	企业管理费	利润

清单项目综合单价/元　1242.34

材料费明细

主要材料名称、规格、型号	单位	数量	单价/元	合价/元	暂估单价/元	暂估合价/元
草绳	kg	4	3.87	15.48		
水	m³	4.1042	7.59	31.15		
镀锌铁线 12#~16#	kg	0.1	4.46	0.45		
栽植用土	m³	0.21	56.11	11.78		
高压胶塑管 φ40	m	0.048	24.53	1.18		
有机肥（土堆肥）	m³	0.004	96.19	0.38		
生石灰	kg	0.8	0.2	0.16		
盐（工业）	kg	0.07	0.34	0.02		
硫黄	kg	0.07	3.58	0.25		
农药	kg	0.0429	3.1	0.13		
树棍	根	6	15	90		
麻袋片	片	1	0.4	0.4		
栽植乔木　红皮云杉 d=5~6cm	株	1	860	860	—	—
其他材料费			—		—	
材料风险费				50.56		
材料费小计			—	1061.94	—	

表5-57　分部分项工程量清单综合单价分析表

工程名称：××城市休闲绿地绿化工程

项目编码	0501020001003	项目名称	栽植乔木　造型油松	计量单位	株（株丛）

定额编号	定额名称	定额单位	数量	综合单价组成明细 单价/元								合价/元							
				人工费	人工费价差	材料费	材料风险费	机械费	机械风险费	企业管理费	利润	人工费	人工费价差	材料费	材料风险费	机械费	机械风险费	企业管理费	利润
1-129	大树起挖（带土球）土球直径(cm以内)180	株	1	337.03		127.94	6.4	75.29	2.26	33.7	43.81	337.03		127.94	6.4	75.29	2.26	33.7	43.81
补充主材003	造型油松	株	1			4000	200							4000	200				
1-134	大树栽植（带土球）土球直径(cm以内)180	株	1	156.99		7.84	0.39	75.29	2.26	15.7	20.41	156.99		7.84	0.39	75.29	2.26	15.7	20.41
1-142	树棍桩　四脚桩	株	1	4.24		90.85	4.54			0.42	0.55	4.24		90.85	4.54			0.42	0.55
1-153	人工换土乔灌木　土球直径(cm以内)140	株	1	40.81		65.09	3.25			4.08	5.31	40.81		65.09	3.25			4.08	5.31
1-210*6	人工胶塑管浇水　针叶乔木或灌木　树高(cm以内)500子目乘以系数6	100株	0.01	9326.94		3153.9	157.7			932.69	1212.5	93.27		31.54	1.58			9.33	12.13
1-254	树木整形修剪　树高(cm)针叶树　100以内	100株	0.01	265				34.77	1.04	26.5	34.45	2.65				0.35	0.01	0.27	0.35
1-304	树木松土施肥　范围1m以内松土	100株	0.01	79.34						7.93	10.31	0.8						0.08	0.11
1-305	树木松土施肥　范围1m以内施肥	100株	0.01	105.79		38	1.9			10.58	13.75	1.06		0.38	0.02			0.11	0.14
1-316	药剂干部涂抹、注射　胸径20cm以内	10株	0.1	3.55						0.36	0.46	0.36						0.04	0.05
1-324	树干涂白　胸径10cm以上10cm以内	株	1	0.95		1.96	0.1			0.1	0.12	0.95		1.96	0.1			0.1	0.12
补充材料002	农药	kg	0.15			3.1	0.16							0.47	0.03				

项目编码	050102001003	项目名称	栽植乔木 造型油松	计量单位	株（株丛）

综合单价组成明细

定额编号	定额名称	定额单位	数量	单价/元							合价/元							
				人工费	材料费	材料风险费	机械费	机械风险费	企业管理费	利润	人工费	人工费价差	材料费	材料风险费	机械费	机械风险费	企业管理费	利润
											638.16		4326.07	216.31	150.93	4.53	63.83	82.98

人工单价： 综合工日 53 元/工日

综合项目综合单价/元

未计价材料费　小计　4090.65

清单项目综合单价/元　5482.74

材料费明细

主要材料名称、规格、型号	单位	数量	单价/元	合价/元	暂估单价/元	暂估合价/元
草绳	kg	33.06	3.87	127.94		
水	m³	5.0142	7.59	38.06		
镀锌铁线12#～16#	kg	0.1	4.46	0.45		
栽植用土	m³	1.16	56.11	65.09		
高压胶塑管φ40	m	0.048	24.53	1.18		
有机肥（土堆肥）	m³	0.004	96.19	0.38		
生石灰	kg	3.4	0.2	0.68		
盐（工业）	kg	0.3	0.34	0.1		
硫黄	kg	0.3	3.58	1.07		
农药	kg	0.15	3.1	0.47		
树棍	根	6	15	90		
麻袋片	片	1	0.4	0.4		
生根剂	kg	0.002	100	0.2		
根动力	ml	0.011	0.05	0.05		
树动力	ml	0.6	0.09	0.05		
造型油松 d=17～18cm	株	1	4000	4000	—	
其他材料费			—	216.3	—	
材料风险费			—		—	
材料费小计			—	4542.37	—	

120

工程名称：××城市休闲绿地绿化工程

表5-58　分部分项工程量清单综合单价分析表

项目编码	050102001004	项目名称	栽植乔木　白桦	计量单位	株（株丛）

定额编号	定额名称	定额单位	数量	单价/元 综合单价组成明细								合价/元							
				人工费	人工费价差	材料费	材料风险费	机械费	机械风险费	企业管理费	利润	人工费	人工费价差	材料费	材料风险费	机械费	机械风险费	企业管理费	利润
1-27	起挖乔木（带土球）土球直径（cm以内）120	株	1	116.07		58.05	2.9	34.6	1.04	11.61	15.09	116.07		58.05	2.9	34.6	1.04	11.61	15.09
补充主材004	白桦	株	1			1842	92.1							1842	92.1				
1-37	栽植乔木（带土球）土球直径（cm以内）120	株	1	82.15		3.04	0.15	34.6	1.04	8.22	10.68	82.15		3.04	0.15	34.6	1.04	8.22	10.68
1-142	树棍桩　四脚桩	株	1	4.24		90.85	4.54			0.42	0.55	4.24		90.85	4.54			0.42	0.55
1-152	人工换土乔灌木　土球直径（cm以内）120	株	1	30.74		48.82	2.44			3.07	4	30.74		48.82	2.44			3.07	4
1-197*6	叶乔木胸径（4cm以内）胶塑管浇水　阔叶乔木胸径（4cm以内）12子目乘以系数6	100株	0.01	2238.72		616.74	30.84			223.87	291.03	22.39		6.17	0.31			2.24	2.91
1-257	阔叶乔木疏枝修剪　冠幅（cm）200以内	100株	0.01	95.4				54.08	1.62	9.54	12.4	0.95				0.54	0.02	0.1	0.12
1-296	摘除藥芽　胸芽8cm以上	100株	0.01	32.75						3.28	4.26	0.33						0.03	0.04
1-304	乔木松土施肥　范围1m以内松土	100株	0.01	79.34		38	1.9			7.93	10.31	0.79		0.38	0.02			0.08	0.1
1-305	乔木松土施肥　范围1m以内施肥	100株	0.01	105.79						10.58	13.75	1.06						0.11	0.14
1-324	树干涂白　胸径10cm以上	株	1	0.95		1.96	0.1			0.1	0.12	0.95		1.96	0.1			0.1	0.12
1-320	药剂叶面喷洒　小拖车喷洒	t	0.03	24.33		7.59	0.38			2.43	3.16	0.73		0.23	0.01			0.07	0.09

项目编码	050102001004	项目名称	栽植乔木 白桦	计量单位	株(株丛)

综合单价组成明细

定额编号	定额名称	定额单位	数量	单价/元								合价/元							
				人工费	人工费价差	材料费	材料风险费	机械费	机械风险费	企业管理费	利润	人工费	人工费价差	材料费	材料风险费	机械费	机械风险费	企业管理费	利润
补充材料002	农药	kg	0.2			3.1	0.16							0.62	0.03			26.05	33.84
人工单价						小计						260.4		2052.12	102.6	69.74	2.1	26.05	33.84
综合工日 53元/工日						未计价材料费								1932.4					
清单项目综合单价/元														2546.85					

材料费明细	主要材料名称、规格、型号	单位	数量	单价/元	合价/元	暂估单价/元	暂估合价/元
	材料费调整	元	-0.0003	1			
	草绳	kg	15	3.87	58.05		
	水	m³	1.1402	7.59	8.65		
	镀锌铁线 12#~16#	kg	0.1	4.46	0.45		
	栽植用土	m³	0.87	56.11	48.82		
	高压胶塑管 φ40	m	0.036	24.53	0.88		
	有机肥(土堆肥)	m³	0.004	96.19	0.38		
	生石灰	kg	3.4	0.2	0.68		
	盐(工业)	kg	0.3	0.34	0.1		
	硫黄	kg	0.3	3.58	1.07		
	农药	kg	0.2	3.1	0.62		
	树棍	根	6	15	90		
	麻袋片	片	1	0.4	0.4		
	白桦 d=10~12cm	株	1	1842	1842		
	其他材料费			—		—	—
	材料风险费			102.6		—	—
	材料费小计			102.6	2154.72	—	—

表 5-59　分部分项工程量清单综合单价分析表

工程名称：××城市休闲绿地绿化工程

项目编码	050102001005	项目名称	栽植乔木　国槐	计量单位	株（株丛）

综合单价组成明细

定额编号	定额名称	定额单位	数量	单价/元								合价/元							
				人工费	人工费价差	材料费	材料风险费	机械费	机械风险费	企业管理费	利润	人工费	人工费价差	材料费	材料风险费	机械费	机械风险费	企业管理费	利润
1-129	大树起挖（带土球）土球直径(cm以内)180	株	1	337.03		127.94	6.4	75.29	2.26	33.7	43.81	337.03		127.94	6.4	75.29	2.26	33.7	43.81
补充材005	国槐	株	1			2000	100							2000	100				
1-134	大树栽植（带土球）土球直径(cm以内)180	株	1	156.99		7.84	0.39	75.29	2.26	15.7	20.41	156.99		7.84	0.39	75.29	2.26	15.7	20.41
1-142	树棍桩　四脚桩	株	1	4.24		90.85	4.54			0.42	0.55	4.24		90.85	4.54			0.42	0.55
1-153	人工换土乔灌木　土球直径(cm以内)140	株	1	40.81		65.09	3.25			4.08	5.31	40.81		65.09	3.25			4.08	5.31
1-200*6	人工胶塑管浇水　阔叶乔木胸径(4cm以内)18子目乘以系数6	100株	0.01	6045.18		1283.28	64.16			604.52	785.87	60.45		12.83	0.64			6.05	7.86
1-258	阔叶乔木疏枝修剪　冠幅(cm)400以内	100株	0.01	381.6				208.6	6.26	38.16	49.61	3.82				2.09	0.06	0.38	0.5
1-296	摘除蘖芽　胸径8cm以上	100株	0.01	32.75						3.28	4.26	0.33						0.03	0.04
1-304	树木松土施肥　范围1m以内松土	100株	0.01	79.34						7.93	10.31	0.79						0.08	0.1
1-305	树木松土施肥　范围1m以内施肥	100株	0.01	105.79		38	1.9			10.58	13.75	1.06		0.38	0.02			0.11	0.14
1-320	药剂叶面喷洒　小拖车喷洒	t	0.03	24.33		7.59	0.38			2.43	3.16	0.73		0.23	0.01			0.07	0.1
1-324	树干涂白　胸径10cm以上	株	1	0.95		1.96	0.1			0.1	0.12	0.95		1.96	0.1			0.1	0.12
补充材料002	农药	kg	0.3			3.1	0.16							0.93	0.05				

项目编码	050102001005	项目名称	栽植乔木　国槐	计量单位	株（株丛）

综合单价组成明细

定额编号	定额名称	定额单位	数量	单价/元							合价/元							
				人工费	材料费	材料风险费	机械费	机械风险费	企业管理费	利润	人工费	人工费价差	材料费	材料风险费	机械费	机械风险费	企业管理费	利润
											607.2	1	2308.05	115.4	152.67	4.58	60.72	78.94

人工单价	小计
人工工日 53 元/工日	未计价材料费　2090.65
	清单项目综合单价/元　3327.55

材料费明细	主要材料名称、规格、型号	单位	数量	单价/元	合价/元	暂估单价/元	暂估合价/元
	材料费调整	元	-0.0001	1			
	草绳	kg	33.06	3.87	127.94		
	水	m³	2.599	7.59	19.73		
	镀锌铁线12#~16#	kg	0.1	4.46	0.45		
	栽植用土	m³	1.16	56.11	65.09		
	高压胶塑管 φ40	m	0.042	24.53	1.03		
	有机肥（土堆肥）	m³	0.004	96.19	0.38		
	生石灰	kg	3.4	0.2	0.68		
	盐（工业）	kg	0.3	0.34	0.1		
	硫黄	kg	0.3	3.58	1.07		
	农药	kg	0.3	3.1	0.93		
	树棍	根	6	15	90		
	麻袋片	片	1	0.4	0.4		
	生根剂	kg	0.002	100	0.2		
	根动力	ml	0.011	0.05	0.05		
	树动力	ml	0.6	0.09	0.05		
	国槐 d=17~18cm	株	1	2000	2000		
	其他材料费			—	—	—	—
	材料风险费			—	115.4	—	—
	材料费小计			—	2423.45	—	—

124

工程名称：××城市休闲绿地绿化工程

表 5-60　分部分项工程量清单综合单价分析表

项目编码：050102004001　　项目名称：栽植灌木　丛生丁香　　计量单位：株

综合单价组成明细

定额编号	定额名称	定额单位	数量	单价/元								合价/元							
				人工费	人工费价差	材料费	材料风险费	机械费	机械风险费	企业管理费	利润	人工费	人工费价差	材料费	材料风险费	机械费	机械风险费	企业管理费	利润
1-59	起挖灌木（带土球）土球直径（cm以内）30	株	1	4.24		3.87	0.19			0.42	0.55	4.24		3.87	0.19			0.42	0.55
补充主材006	丛生丁香	株	1			1543	77.15							1543	77.15				
1-69	栽植灌木（带土球）土球直径（cm以内）30	株	1	5.3		0.19	0.01			0.53	0.69	5.3		0.19	0.01			0.53	0.69
1-145	人工换土乔灌木　土球直径（cm以内）30	株	1	2.12		3.37	0.17			0.21	0.28	2.12		3.37	0.17			0.21	0.28
1-205*6	人工胶塑管浇水　针叶乔木或灌木　树高（cm以内）250 于目乘以系数6	100株	0.01	1599.54		594.12	29.71			159.95	207.94	16		5.94	0.3			1.6	2.08
1-265	灌木修剪　冠幅（cm）200以内	100株	0.01	159						15.9	20.67	1.59						0.16	0.21
1-304	树木松土施肥 范围1m以内松土	100株	0.01	79.34						7.93	10.31	0.79						0.08	0.1
1-305	树木松土施肥 范围1m以内施肥	100株	0.01	105.79		38	1.9			10.58	13.75	1.06		0.38	0.02			0.11	0.14
1-324	树干涂白 10cm以上	株	1	0.95		1.96	0.1			0.1	0.12	0.95		1.96	0.1			0.1	0.12
人工单价			小计	32.05		1558.71	77.94			3.21	4.17								

项目编码	050102004001	项目名称	栽植灌木　丛生丁香	计量单位	株

综合单价组成明细

定额编号	定额名称	定额单位	数量	单价/元								合价/元						
				人工费	人工费价差	材料费	材料风险费	机械费	机械风险费	企业管理费	利润	人工费	人工费价差	材料费	材料风险费	机械费	企业管理费	利润

综合工日 53元/工日

未计价材料费 1543　合价 1676.07

清单项目综合单价/元

材料费明细

主要材料名称、规格、型号	单位	数量	单价/元	合价/元	暂估单价/元	暂估合价/元
材料费调整	元	0.0001	1	1		
草绳	kg	1	3.87	3.87		
水	m³	0.7248	7.59	5.5		
栽植用土	m³	0.06	56.11	3.37		
高压胶塑管 φ40	m	0.03	24.53	0.74		
有机肥（土堆肥）	m³	0.004	96.19	0.38		
生石灰	kg	3.4	0.2	0.68		
盐（工业）	kg	0.3	0.34	0.1		
硫黄	kg	0.3	3.58	1.07		
丛生丁香 H=201~250	株	1	1543	1543	—	—
其他材料费			—	77.94	—	
材料风险费			—	—		
材料费小计			—	1636.65	—	

工程名称：××城市休闲绿地绿化工程

表 5-61　分部分项工程量清单综合单价分析表

项目编码	050102004002	项目名称	栽植灌木　黄刺玫	计量单位	株

定额编号	定额名称	定额单位	数量	综合单价组成明细															
				单价/元								合价/元							
				人工费	人工费价差	材料费	材料风险费	机械费	机械风险费	企业管理费	利润	人工费	人工费价差	材料费	材料风险费	机械费	机械风险费	企业管理费	利润
1-59	起挖灌木（带土球）土球直径（cm以内）30	株	1	4.24		3.87	0.19			0.42	0.55	4.24		3.87	0.19			0.42	0.55
补充主材007	黄刺玫	株	1			400	20							400	20				
1-69	栽植灌木（带土球）土球直径（cm以内）30	株	1	5.3		0.19	0.01			0.53	0.69	5.3		0.19	0.01			0.53	0.69
1-145	人工换土乔灌木　土球直径（cm以内）30	株	1	2.12		3.37	0.17			0.21	0.28	2.12		3.37	0.17			0.21	0.28
1-205*6	人工胶塑管浇水　针叶乔木或灌木　树高（cm以内）250 子目乘以系数6	100株	0.01	1599.54		594.12	29.71			159.95	207.94	16		5.94	0.3			1.6	2.08
1-265	灌木修剪　冠幅（cm）200以内	100株	0.01	159						15.9	20.67	1.59						0.16	0.21
1-304	树木松土施肥　松土范围1m以内松土	100株	0.01	79.34						7.93	10.31	0.79						0.08	0.1
1-305	树木松土施肥　松土范围1m以内施肥	100株	0.01	105.79		38	1.9			10.58	13.75	1.06		0.38	0.02			0.11	0.14
1-324	树干涂白　胸径10cm以上	株	1	0.95		1.96	0.1			0.1	0.12	0.95		1.96	0.1			0.1	0.12
人工单价	小计											32.05		415.71	20.79			3.21	4.17

项目编码	050102004002	项目名称	栽植灌木 黄刺玫	计量单位	株

综合单价组成明细

定额编号	定额名称	定额单位	数量	单价/元								合价/元							
				人工费	材料费	机械费	人工费价差	材料风险费	机械风险费	企业管理费	利润	人工费	材料费	机械费	人工费价差	材料风险费	机械风险费	企业管理费	利润
													400						

综合工日 53 元/工日

清单项目综合单价(元)　　475.92

材料费明细	主要材料名称、规格、型号	单位	数量	单价/元	合价/元	暂估单价/元	暂估合价/元
	未计价材料费						
	材料费调整	元	0.0001	1	1		
	草绳	kg	1	3.87	3.87		
	水	m³	0.7248	7.59	5.5		
	栽植用土	m³	0.06	56.11	3.37		
	高压胶塑管 φ40	m	0.03	24.53	0.74		
	有机肥(土堆肥)	m³	0.004	96.19	0.38		
	生石灰	kg	3.4	0.2	0.68		
	盐(工业)	kg	0.3	0.34	0.1		
	硫黄	kg	0.3	3.58	1.07		
	黄刺玫 H=201~250cm	株	1	400	400		
	其他材料费			—		—	
	材料风险费			—	20.79	—	
	材料费小计			—	436.5	—	

表5-62　分部分项工程量清单综合单价分析表

工程名称：××城市休闲绿地绿化工程

项目编码	05010200400 3		项目名称	栽植灌木　水蜡球								计量单位	株							

定额编号	定额名称	定额单位	数量	单价/元 综合单价组成明细								合价/元							
				人工费	人工费价差	材料费	材料风险费	机械费	机械风险费	企业管理费	利润	人工费	人工费价差	材料费	材料风险费	机械费	机械风险费	企业管理费	利润
1-59	起挖灌木（带土球）土球直径（cm以内）30	株	1	4.24		3.87	0.19			0.42	0.55	4.24		3.87	0.19			0.42	0.55
补充主材008	水蜡球	株	1			150	7.5							150	7.5				
1-69	栽植灌木（带土球）土球直径（cm以内）30	株	1	5.3		0.19	0.01			0.53	0.69	5.3		0.19	0.01			0.53	0.69
1-145	人工换土乔灌木　土球直径（cm以内）30	株	1	2.12		3.37	0.17			0.21	0.28	2.12		3.37	0.17			0.21	0.28
1-202*6	人工胶塑管浇水　针叶乔木或灌木　树高（cm以内）100子目乘以系数6	100株	0.01	798.18		320.7	16.04			79.82	103.76	7.98		3.21	0.16			0.8	1.04
1-264	灌木修剪　冠幅（cm）100以内	100株	0.01	106.53						10.65	13.85	1.07						0.11	0.14
1-304	树木松土施肥　松土范围1m以内松土	100株	0.01	79.34						7.93	10.31	0.79						0.08	0.1
1-305	树木松土施肥　松土范围1m以内施肥	100株	0.01	105.79		38	1.9			10.58	13.75	1.06		0.38	0.02			0.11	0.14
1-321	药剂叶面喷洒　人工打药（0.02L/株）	t	0.02	106		7.59	0.38			10.6	13.78	2.12		0.15	0.01			0.21	0.28

项目编码	050102004003		项目名称		栽植灌木 水蜡球			计量单位		株	

综合单价组成明细

定额编号	定额名称	定额单位	数量	单价/元								合价/元							
				人工费	人工费价差	材料费	材料风险费	机械费	机械风险费	企业管理费	利润	人工费	人工费价差	材料费	材料风险费	机械费	机械风险费	企业管理费	利润
补充材料002@1	农药	kg	0.05			20	1							1	0.05			2.47	3.22
人工单价							小计					24.68		162.17	8.11				
综合工日 53元/工日							未计价材料费							150					
							清单项目综合单价/元							200.63					

材料费明细	主要材料名称、规格、型号	单位	数量	单价/元	合价/元	暂估单价/元	暂估合价/元
	材料费调整	元	-0.0003	1			
	草绳	kg	1	3.87	3.87		
	水	m³	0.39	7.59	2.96		
	栽植用土	m³	0.06	56.11	3.37		
	高压胶塑管 φ40	m	0.024	24.53	0.59		
	有机肥（土堆肥）	m³	0.004	96.19	0.38		
	农药	kg	0.05	20	1		
	水蜡球 H=81~100cm	株	1	150	150		
	其他材料费			—		—	—
	材料风险费				8.11		
	材料费小计			—	170.28	—	—

表 5-63　分部分项工程量清单综合单价分析表

工程名称：××城市休闲绿地绿化工程

项目编码	050102007001	项目名称	栽植色带　金叶榆	计量单位	m²

定额编号	定额名称	定额单位	数量	单价/元 人工费	人工费价差	材料费	材料风险费	机械费	机械风险费	企业管理费	利润	合价/元 人工费	人工费价差	材料费	材料风险费	机械费	机械风险费	企业管理费	利润
1-107	片植绿篱 片植高度40cm以内	10m²	0.1	55.12		2001.9	100.1			5.51	7.17	5.51		200.19	10.01			0.55	0.72
1-171	人工换土灌木绿篱篱高(cm)40～60 单排	10m	0.0201	33.92		53.87	2.69			3.39	4.41	0.68		1.08	0.05			0.07	0.09
1-172 *4	人工换土灌木绿篱篱高(cm)40～60 每增一排:子目乘以系数4	10m	0.0201	135.68		215.48	10.77			13.57	17.64	2.73		4.34	0.22			0.27	0.36
1-235 *6	人工胶管浇水篱高40cm以内;子目乘以系数6	10m²	0.1	84.3		143.04	7.15			8.43	10.96	8.43		14.3	0.72			0.84	1.1
1-286	机械修剪纹样篱篱高60cm以内	10m²	0.1	1.59				0.87	0.03	0.16	0.21	0.16				0.09		0.02	0.02
补充材料002@1	农药	kg	0.0067			20	1							0.13	0.01				
1-321	药剂叶面喷洒人工打药	t	0.5	106		7.59	0.38			10.6	13.78	53		3.8	0.19			5.3	6.89
人工单价	小计											70.51		223.84	11.2	0.09		7.05	9.18
综合工日53元/工日	未计价材料费													200					
清单项目综合单价/元														321.86					

第五章　工程量清单计价法编制园林工程预算

项目编码	05010207001	项目名称	栽植色带 金叶榆	计量单位	m²

综合单价组成明细

材料费明细

主要材料名称、规格、型号	单位	数量	单价/元	合价/元	暂估单价/元	暂估合价/元
材料费调整	元	-0.0016	1			
水	m³	1.2456	7.59	9.45		
栽植用土	m³	0.0966	56.11	5.42		
高压胶塑管 $\phi40$	m	0.36	24.53	8.83		
农药	kg	0.0067	20	0.13		
花灌木树苗	株	25	8	200		
其他材料费			—	—	—	—
材料风险费			—	11.19	—	—
材料费小计			—	235.04	—	—

表5-64　分部分项工程量清单综合单价分析表

工程名称：××城市休闲绿地绿化工程

项目编码	050102010001	项目名称	铺种草皮　早熟禾	计量单位	m²

综合单价组成明细

定额编号	定额名称	定额单位	数量	单价/元								合价/元							
				人工费	人工费价差	材料费	材料风险费	机械费	机械风险费	企业管理费	利润	人工费	人工费价差	材料费	材料风险费	机械费	机械风险费	企业管理费	利润
1-124	草皮起挖	100m²	0.01	201.4								2.01						0.2	0.26
1-125	满铺草皮寸堆表面	100m²	0.01	397.5		919.85	45.99					3.98		9.2	0.46			0.4	0.52
1-246 *6	草坪浇水胶塑管子目乘以系数6	1000m²	0.001	349.8		437.94	21.9					0.35		0.44	0.02			0.03	0.05
1-290 *3	草坪修剪郁闭度85%以下,机械子目乘以系数3	100m²	0.01	46.11				17.97	0.54	4.61	5.99	0.46				0.18	0.01	0.05	0.06
1-303 *3	松土除杂草绿地,子目乘以系数3	100m²	0.01	260.76						26.08	33.9	2.61						0.26	0.34
1-314	草坪施肥.施干肥	10m²	0.1	0.05		4.81	0.24			0.01	0.01	0.01		0.48	0.02			0.01	0.01
补充材料003	农药(草坪专用)	kg	0.0002			137.5	6.88							0.03					
人工单价						小计						9.42		10.15	0.5	0.18	0.01	0.94	1.23
综合工日53元/工日						未计价材料费						8.8							
清单项目综合单价/元												22.42							

项目编码	050102010001	项目名称	铺种草皮 早熟禾	计量单位	m²

综合单价组成明细

定额编号	定额名称	定额单位	数量	单价/元								合价/元							
				人工费	人工费价差	材料费	材料风险费	机械费	机械风险费	企业管理费	利润	人工费	人工费价差	材料费	材料风险费	机械费	机械风险费	企业管理费	利润

材料费明细

主要材料名称、规格、型号	单位	数量	单价/元	合价/元	暂估单价/元	暂估合价/元
材料费调整	元		1			
水	m³	0.1005	7.59	0.76		
高压胶塑管 φ40	m	0.003	24.53	0.07		
有机肥（土堆肥）	m³	0.005	96.19	0.48		
农药（草坪专用）	kg	0.0002	137.5	0.03		
草皮	m²	1.1	8	8.8		
其他材料费			—		—	
材料风险费			—	0.51	—	
材料费小计			—	10.65	—	

134　　园林工程预算

工程名称：××城市休闲绿地绿化工程

表5-65　分部分项工程量清单综合单价分析表

项目编码	050201001001	项目名称	园路	计量单位	m²

综合单价组成明细

定额编号	定额名称	定额单位	数量	单价/元								合价/元							
				人工费	人工费价差	材料费	材料风险费	机械费	机械风险费	企业管理费	利润	人工费	人工费价差	材料费	材料风险费	机械费	机械风险费	企业管理费	利润
借2-31	路床碾压	100m²	0.01	19.08				125.14	3.75	3.05	5.72	0.19				1.25	0.04	0.03	0.06
借2-52	石灰土基层人工拌和厚20cm含灰量6%	100m²	0.01	966.19		2690.78	134.54	67.74	2.03	154.59	289.86	9.66		26.91	1.35	0.68	0.02	1.55	2.9
借2-117	石灰、粉煤灰、碎石基层拌和机拌和石灰：粉煤灰：碎石（10：20：70）厚20cm	100m²	0.01	744.65		2471.62	123.58	250.85	7.53	119.14	223.4	7.45		24.72	1.24	2.51	0.08	1.19	2.23
借2-276	细粒式沥青混凝土路面人工摊铺厚度3cm	100m²	0.01	186.56		663.89	33.19	125.22	3.76	29.85	55.97	1.87		6.64	0.33	1.25	0.04	0.3	0.56
人工单价		小计										19.17		58.27	2.92	5.69	0.18	3.07	5.75
综合工日 53元/工日		未计价材料费														28.85			
		清单项目综合单价/元														95.02			

续表

| 项目编码 | 0502010001001 | | 项目名称 | | 园路 | | 计量单位 | m² |

综合单价组成明细

定额编号	定额名称	定额单位	数量	单价/元							合价/元								暂估单价/元	暂估合价/元
				人工费	材料费	材料风险费	机械费	机械风险费	企业管理费	利润	人工费	人工费价差	材料费	材料风险费	机械费	机械风险费	企业管理费	利润		

材料费明细

	主要材料名称、规格、型号	单位	数量	单价/元	合价/元	暂估单价/元	暂估合价/元
材料费明细	水	m³	0.0995	7.59	0.76		
	生石灰	t	0.06	202	12.12		
	其他材料费（占材料费）	元	0.1463	1	0.15		
	碎石 25~40mm	m³	0.1891	55.66	10.53		
	粉煤灰	m³	0.1056	52.94	5.59		
	柴油	t		7350			
	煤	t	0.0001	511.06	0.05		
	木柴	kg	0.016	0.18			
	黏土	m³	0.2811	80	22.49		
	细（微）粒沥青混凝土	m³	0.0303	210	6.36		
	其他材料费			—		—	
	材料风险费			—	2.91	—	
	材料费小计			—	61.17		

园林工程预算

工程名称：××城市休闲绿地绿化工程

表 5-66　分部分项工程量清单综合单价分析表

项目编码	项目名称	计量单位
0502010001002	广场砖铺装	m²

综合单价组成明细

定额编号	定额名称	定额单位	数量	单价/元								合价/元							
				人工费	人工费价差	材料费	材料风险费	机械费	机械风险费	企业管理费	利润	人工费	人工费价差	材料费	材料风险费	机械费	机械风险费	企业管理费	利润
借2-4	弹软土基处理掺石灰机械操作5%含灰量	10m³	0.01	69.43		1308.64	65.43	213.89	6.42	11.11	20.83								
借2-31	路床碾压	100m²	0.01	19.08				125.14	3.75	3.05	5.72	0.19				1.25	0.04	0.03	0.06
借2-123	三灰碎石基层厂拌水泥：石灰：粉煤灰：碎石(1.5：8.5：20：70)厚200mm	100m²	0.01	506.15		2662.74	133.14	509.97	15.3	80.98	151.85	5.06		26.63	1.33	5.1	0.15	0.81	1.52
借2-214	水泥稳定砂砾基层路拌、机械摊铺水泥含量6%厚150mm	100m²	0.01	449.97		2170.21	108.51	544.71	16.34	72	134.99	4.5		21.7	1.09	5.45	0.16	0.72	1.35
借2-328	广场砖铺设 20cm×20cm	100m²	0.01	532.12		5740	287			85.14	159.64	5.32		57.4	2.87	5.45	0.16	0.85	1.6
人工单价							小计					15.07		105.73	5.29	11.8	0.35	2.41	4.53
综合工日 53 元/工日							未计价材料费					57.4							
							清单项目综合单价/元					145.18							

项目编码	050201001002	项目名称	广场砖铺装	计量单位	m²

综合单价组成明细

定额编号	定额名称	定额单位	数量	单价/元								合价/元							
				人工费	人工费价差	材料费	材料风险费	机械费	机械风险费	企业管理费	利润	人工费	人工费价差	材料费	材料风险费	机械费	机械风险费	企业管理费	利润

材料费明细

主要材料名称、规格、型号	单位	数量	单价/元	合价/元	暂估单价/元	暂估合价/元
水	m³	0.0985	7.59	0.75		
生石灰	t	0.0343	202	6.93		
其他材料费（占材料费）	元	0.2404	1	0.24		
粉煤灰	m³	0.1076	52.94	5.7		
水泥 32.5MPa	t	0.0248	389.62	9.66		
碎石 1~4cm	m³	0.1929	57.68	11.13		
砂砾 5~80mm	m³	0.1836	75.9	13.94		
黏土	m³		80			
广场砖	m²	1.025	56	57.4		
其他材料费		—	—		—	
材料风险费		—	—	5.29	—	
材料费小计				111.02		—

第六章　园林工程竣工结算与决算

第一节　园林工程价款结算

工程价款结算是指对建设工程的发承包合同价款进行约定和依据合同约定进行工程预付款、工程进度款、工程竣工价款结算的活动。

园林工程结算是指一个建设工程或单项工程完工后，依据施工合同或国家有关部门的规定经验收达到验收标准，取得竣工验收合格签证后，园林企业与建设单位（发包人）之间办理的工程财务结算。

一、工程结算的目的和意义

1. 工程竣工后，都要进行竣工结算，其目的为：

① 为建设单位编制竣工决算提供依据。

② 为施工单位的上级管理部门核定该工程的建筑安装产值和实物工程量的完成情况、确定该工程的最终收入、进行经济核算和考核工程成本提供依据。

③ 预算部门据此可核定该工程项目的最终造价，作为建设单位拨付工程价款的依据。

建设单位与施工单位办完竣工结算后，他们之间的合同关系和经济责任即告结束。

2. 工程结算的重要意义

工程价款结算是工程项目承包中的一项十分重要的工作，主要表现在以下几方面。

（1）工程价款结算是反映工程进度的主要指标

在施工过程中，工程价款结算的依据之一就是按照已完成的工程量进行结算，也就是说，承包商完成的工程量越多，所应结算的工程价款就应越多，所以，根据票据已结算的工程价款占合同总价款的比例，能够近似地反映出工程的进度情况，有利于准确掌握工程进度。

（2）工程价款结算是加速资金周转的重要环节

以此承包商能够尽快尽早地结算回工程价款，有利于偿还债务，也有利于资金的回笼，降低内部运营成本。通过加速资金周转，提高资金使用的有效性。

（3）工程价款结算是考核经济效益的重要指标

对于承包商来说，只有工程价款如数地结算，才意味着完成了"惊险一跳"，避免了经营风险，承包商也才能够获得相应的利润，以达到良好的经济效益。

二、工程结算的编制依据

根据工程结算的分类不同，编制依据有所不同。这里讲述的是工程竣工结算书的编制依据，主要包括以下几方面。

① 工程竣工报告及工程竣工验收单。

② 招、投标文件，施工图概（预）算以及经建设行政主管部门审查的建设工程施工合同书。

③ 设计变更通知单和施工现场工程变更洽商记录。

④ 按照有关部门规定及合同中有关条文规定持凭据进行结算的原始凭证。

⑤ 本地区现行的概（预）算定额，材料预算价格、费用定额及有关文件规定。

⑥ 其他有关技术资料。

三、我国执行工程价款主要结算方式

按照我国现行规定工程价款结算一般可以分为中间结算和竣工结算两种。

定期结算、阶段结算和年终结算统称为中间结算。

(1) 定期结算

定期结算包括月结算和季度结算等。

按月结算与支付，即实行按月支付进度款，竣工后清算的办法。合同工期在两个年度以上的工程，在年终进行工程盘点，办理年度结算。可分为以下几种。

① 月初预支，月终结算。在月初（或月中）施工企业按施工作业计划和施工图预算，编制当月工程价款预支账单，其中包括预计完成的工程名称、数量和预算价值等。经建设单位认定，交建设银行预支大约 50% 的当月工程价款，月末按当月施工统计数据，编制已完工程月报表和工程价款结算账单，经建设单位签证，交建设银行办理月末结算。同时，扣除本月预支款，并办理下月预支款。

② 月终结算。月初（或月中）不实行预支，月终施工企业按统计的实际完成分部分项工程量，编制已完工程月报表和工程价款结算账单，经建设单位签证，交建设银行核办理结算。

③ 旬预支，按月结算。

④ 月预支，按季度结算。

(2) 分段结算与支付

是指以单项（或单位）工程为对象，按其施工形象进度划分为若干施工阶段，按阶段进货工程价款结算。一般又分为以下几种。

① 阶段预支和结算　根据工程的性质和特点，将其施工过程划分为若干施工阶段，以审定的施工图预算为基础测算每个阶段的预支款数额，在施工开始时，办理第一阶段的预支款。待该阶段完成后，计算其工程实际价款，经建设单位签证，交建设银行审查并办理阶段结算，同时办理下阶段的预支款。

② 阶段预支　对于工程规模不大、投资额较小，承包合同价值在 50 万元以下，或工期较短（一般在六个月以内的工程）的工程，将其施工全过程的形象进度大体分几个阶段，施工企业按阶段预支工程价款，待工程结束后一并结算。

即当年开工、当年不能竣工的工程按照工程形象进度，划分不同阶段支付工程进度款。具体划分在合同中明确。

(3) 年终结算

年终结算是指单位或单项工程不能在本年度竣工，而要转入下年继续施工的结算。为了正确统计施工企业本年度的经营成果和建设投资完成情况，由施工企业、建设单位和建设银

行对正在施工的工程进行已完成和未完成工程量盘点，结算本年度的工程价款。

（4）双方约定的其他结算方式。

四、园林工程结算书的编制与审核

如果监理方收到施工方工程竣工结算书，首先监理方要确定该竣工结算书是施工单位主管部门或领导已审定的，然后再及时与审计部门审查确定，审查的内容主要有以下几点。

① 核对投标文件　核对竣工工程内容与施工单位的投标文件中所提内容是否相符，例如施工图预算的主要内容，如定额编号、工程项目、工程量、单价及计算结果等进行检查与核对。

② 核查工程现场　检查施工前准备工作及临时用水、电、道路和平整场地、清除障碍物的费用是否准确；审核隐蔽工程施工纪录和验收签证，手续完整、工程量与竣工图一致才可列入计算。

③ 将各个单位工程预算分别按单项工程汇总，编出单项工程综合结算书，并将单项工程综合结算书汇编成整个建设项目的工程竣工结算书与说明书。

④ 应对竣工结算的价款总额与建设单位和承包单位进行协商。

⑤ 工程竣工结算书送经主管领导审定后，再由监理单位、建设单位和预算合同审查部门审查确认，再由财务部门据此办理工程价款的最终结算和拨款；同时将资料按档案管理的要求及时存档。

第二节　园林工程竣工决算

竣工决算是指以实物数量和货币指标为计量单位，综合反映竣工项目从筹建开始到建设项目竣工交付使用为止的全部建设费用、建设成果和财务情况的总结性文件，是竣工验收报告的重要组成部分，正确核定新增固定资产价值的方法是竣工决算，其结果可以考察分析投资的效果，也可以反映建设项目实际造价和投资效果。

一、工程竣工决算的编制依据

① 经批准的可行性研究报告、批复文件和相关文件。

② 审核批准建设项目的设计图纸及说明，其中包括总平面图、施工图、施工图预算书以及相应的竣工图纸。

③ 设计交底或图纸会审会议纪要。

④ 设计变更记录、施工记录或施工签证单及其他施工发生的费用记录。

⑤ 标底造价、承包合同、工程结算等有关资料。

⑥ 历年基建计划、历年财务决算及批复文件。

⑦ 设备、材料调价文件和调价记录。

⑧ 有关财务核算制度、办法和其他有关资料。

二、工程竣工决算的内容

竣工决算以单项工程或建设项目为对象，以竣工结算为依据由竣工决算报表、竣工决算报告说明书、工程竣工图、工程造价比较分析四部分组成。竣工决算反映的是整个建设项目或单项工程项目或单位工程项目从筹建开始到竣工投入使用的全部过程各个环节实际发生的全部费用，其结果可以考察分析投资的效果，也可以反映建设项目实际造价和投资效果。竣工决算包括以下主要内容。

1. 竣工决算报告情况说明书

竣工决算报告情况说明书主要反映竣工工程建设成果和经验，是对竣工决算报表进行分析和补充说明的文件，是全面考核分析工程投资与造价的书面总结，其内容如下。

① 建设项目概况，对工程总的评价。从建设工程的进度、质量、安全和造价施工方面进行分析说明。

② 各项资金来源以及使用等情况分析。

③ 各项经济技术指标的分析。是否按照概算执行对其分析，根据实际投资完成额与概算运行对比分析等。

④ 总结建设工程施工的经验教训及有待解决的问题。

⑤ 需要说明的其他事项。

2. 竣工财务决算报表

建设项目竣工财务决算报表按照大、中型建设项目和小型建设项目分别制定。

(1) 大中型建设项目竣工决算报表包括：

① 建设项目竣工财务决算审批表；

② 大、中型建设项目概况表；

③ 大、中型建设项目竣工财务决算表；

④ 大、中型建设项目交付使用资产总表。

(2) 小型建设项目竣工财务决算报表包括：

① 建设项目竣工财务决算审批表；

② 竣工财务决算总表；

③ 建设项目交付使用资产明细表。

3. 工程竣工图

工程竣工图是真实地记录各种地上、地下建筑物、构筑物等情况的技术文件，是工程进行交工验收、维护、改建和扩建的依据，是国家的重要技术档案。国家规定：各项新建、扩建、改建的基本建设工程，特别是基础、地下建筑、管线、结构、井巷、桥梁、隧道、港口、水坝以及设备安装等隐蔽部位，都要编制竣工图。为确保竣工图质量，必须在施工过程中（不能在竣工后）及时做好隐蔽工程检查记录，整理好设计变更文件。其具体要求如下。

① 凡按图竣工没有变动的，由承包人（包括总包和分包承包人，下同）在原施工图上加盖"竣工图"标志后，即作为竣工图。

② 凡在施工过程中，虽有一般性设计变更，但能将原施工图加以修改补充作为竣工图的，可不重新绘制，由承包人负责在原施工图（必须是新蓝图）上注明修改的部分，并附以设计变更通知单和施工说明，加盖"竣工图"标志后，作为竣工图。

③ 凡结构形式改变、施工工艺改变、平面布置改变、项目改变以及有其他重大改变，不宜再在原施工图上修改、补充时，应重新绘制改变后的竣工图。由原设计原因造成的，由设计单位负责重新绘制；由施工原因造成的，由承包人负责重新绘图；由其他原因造成的，由建设单位自行绘制或委托设计单位绘制。承包人负责在新图上加盖"竣工图"标志，并附

以有关记录和说明，作为竣工图。

④ 为了满足竣工验收和竣工决算需要，还应绘制反映竣工工程全部内容的工程设计平面示意图。

4. 工程造价比较分析

竣工决算是综合反映已竣工的建设项目在建设成果和财务情况方面的总结性文件，其必须对控制工程造价所采取的措施、效果及其动态的变化需要进行认真的比较对比，总结经验教训。为考核概算执行情况，正确核实建设工程造价，财务部门必须积累概算动态变化资料和设计图纸变更的资料。然后，考查竣工形式的实际工程造价节约或超支的数额。为了便于进行比较，可以先进行整个项目总概算的对比，再对单项工程、单位工程和分部分项工程的概算和其他工程费用进行对比，逐一与项目竣工决算编制的实际工程造价进行对比，总结出更好的经验，找出节约和超支的具体环节和原因，并提出改进措施。工程造价比较分析的主要内容如下。

① 主要实物工程量　对于实物工程量出入比较大的情况，必须查明原因。

② 主要材料消耗量　考核主要材料消耗量，要按照竣工决算表中所列明的三大材料实际超概算的消耗量，查明是在工程的哪个环节超出量最大，再进一步查明超耗原因。

③ 考核建设单位管理费、措施费和间接费的取费标准　建设单位管理费、措施费和间接费的取费标准要按照国家和各地的有关规定，根据竣工决算报表中所列的建设单位管理费与概预算所列的建设单位管理费数额进行控制比较，确定其节约超支的数额，并查明原因。

建设工程竣工决算文件由建设单位负责组织编写，在竣工建设项目办理验收使用一个月之内完成。竣工决算编写完毕后，需要装订成册，形成建设工程竣工决算文件。然后将其上报给主管部门进行审查，并将其中的财务成本部分送交开户银行签证。竣工决算文件在送上报主管部门的同时，还要将其送至有关设计单位。大、中型建设项目还应将工程决算文件再送往财政部、建设银行总行和省市、自治区的财政局和建设银行分行各一份。

第七章 计算机在园林工程预算中的应用

目前，在园林市场上有各种不同的工程造价软件，并且各个省市不同地区应用的计算机软件也不是完全相同的。本章中主要介绍的是黑龙江省常用的《广联达建设工程造价软件》。此软件在黑龙江省的招投标过程中应用比较广泛，软件内设置了黑龙江省工程量清单项目指引数据库及园林工程等定额库，通过此软件的运用可以轻松地完成招标文件工程量清单编制、投标报价、标底编制等任务。

第一节 软件操作步骤

一、准备工作

① 检查自己的计算机磁盘空间是否充足。

② 将光盘放进光驱，等待光盘自动读取。

二、软件安装操作步骤

① 点击跳出的安装界面呈现出的相应软件，软件自动安装在系统默认的目录下，用户也可以自行修改。如图 7-1 所示。

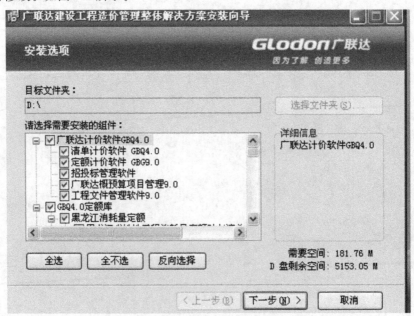

图 7-1　软件安装界面

② 组件名称前打钩则表示安装该组件。不打钩则表示不安装。

③ 勾选需要安装的内容，点击下一步，安装完成后会弹出图 7-2 所示窗口，点击"完成"按钮即可完成安装。

图 7-2　软件安装完成界面

三、建设项目

1. 预算软件启动

双击桌面上的图标"进入"，在弹出的窗口中选择工程类型为【清单计价】，再点击【新建项目】，选择【新建招标项目】或【新建投标项目】，软件会进入"新建标段"界面，如图 7-3 所示。

图 7-3　预算软件启动界面

2. 新建项目

假如在上一步骤【新建项目】时我们选择了【新建投标项目】将出现如图 7-4 所示窗口。

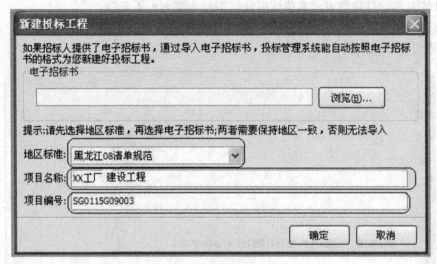

图 7-4　新建项目窗口

方法：

① 如果招标人提供了电子招标书（工程量清单），投标管理系统会自动按照电子招标书的格式新建投标工程，即可以点【浏览】选择招标书，若没有电子版，此步可省略。

② 选择【地区标准】。

③ 输入项目名称，如××工厂建设工程，则保存的项目文件名也为××工厂建设工程。另外报表也会显示工程名称为××工厂建设工程。

④ 点击【确定】完成新建项目，进入项目管理界面。

3. 项目管理

① 点击【新建】，选择【新建单项工程】，软件进入新建单项工程界面，输入单项工程名称后，点击【确定】，软件回到项目管理界面如图 7-5 所示。

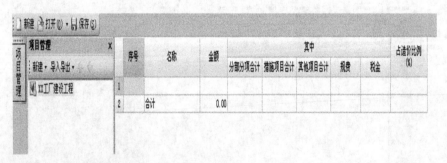

图 7-5　项目管理新建界面

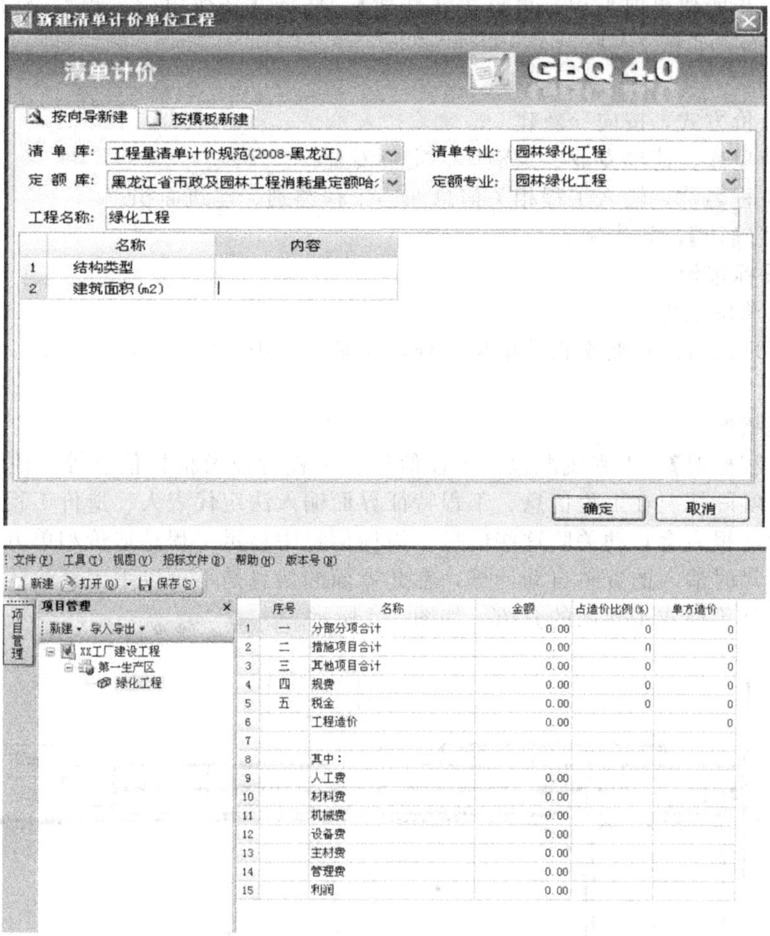

图 7-6 单位工程新建向导界面

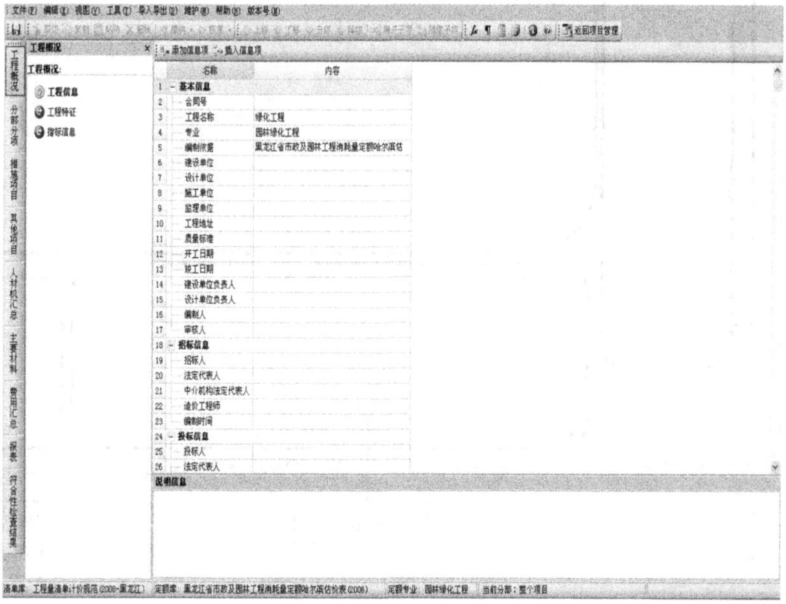

图 7-7 单位工程主界面

② 点击上步所建单项工程，再点击【新建】，选择【新建单位工程】，软件进入单位工程新建向导界面，如图 7-6 所示。

方法：

① 确认计价方式，按向导新建。

② 选择清单库、清单专业、定额库、定额专业。

③ 输入工程名称，输入工程相关信息如：工程类别、建筑面积。

④ 点击【确认】，新建完成。

4. 编制投标报价

(1) 进入单位工程

在项目管理窗口选择要编辑的单位工程，左键双击进入单位工程主界面。主界面的构成如图 7-7 所示。

(2) 工程概况

点击【工程概况】，工程概况包括工程信息、工程特征及指标信息等。注意：填写过程中根据工程的实际情况在工程信息、工程特征界面输入法定代表人、造价工程师、结构类型等信息，封面等报表会自动关联这些信息。指标信息中显示工程总造价和单方造价，系统根据用户编制预算时输入的资料自动计算，在此界面的信息是不可以手工修改的。

(3) 清单计价模式主界面的介绍，如图 7-8 所示。

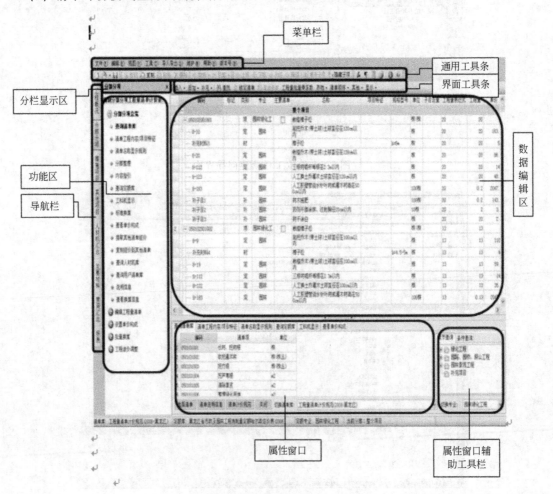

图 7-8 清单计价主界面

清单计价模式预算软件主界面由菜单栏、通用工具条、界面工具条、导航栏、分栏显示区、功能区、属性窗口、属性窗口辅助工具栏、数据编辑区几部分组成。

① 菜单栏　分为九部分，集合了软件所有功能和命令。

② 通用工具条　无论切换到任一界面，它都不会随着界面的切换而改变。

③ 界面工具条　会随着界面的切换，工具条的内容不同。

④ 导航栏　左边导航栏可切换到不同的编辑界面。

⑤ 分栏显示区　显示整个项目下的分部结构，点击分部实现按分部显示，可关闭此窗口。

⑥ 功能区　该区具有如图7-9所示内容，每个功能对应自己的属性窗口。

⑦ 属性窗口　功能菜单点击后就显示在属性窗口，也可隐藏此窗口。例如：点击功能菜单中的 ➡ **查询清单库** 属性窗口会显示如图7-10所示的内容。

点击功能菜单中的 ➡ **清单工程内容/项目特征** 属性窗口会显示如图7-11所示的内容。

⑧ 属性窗口辅助工具栏　根据属性菜单的变化而改变内容，提供对属性的编辑功能，跟随属性窗口的显示和隐藏。

图 7-9　功能区界面

图 7-10　查询清单库界面

图 7-11　清单工程内容/项目特征界面

⑨ 数据编辑区 随着导航栏中按键的变化，其自己都具有特有的数据编辑界面，此部分是预算软件操作人员的主操作区域。

例如：点击导航栏中按钮，数据编辑区会显示如图 7-12 所示窗口。

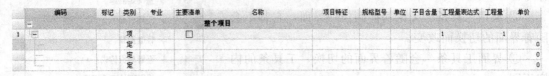

	编码	标记	类别	专业	主要清单	名称	项目特征	规格型号	单位	子目含量	工程量表达式	工程量	单价
						整个项目							
1			项		□						1	1	
			定										0
			定										0
			定										0

图 7-12　分部分项数据编辑界面

点击导航栏中措施项目按钮，数据编辑区会显示如图 7-13 所示窗口。

	序号	类别	编码	名称	单位	组价方式	项目特征	清单工作内容	计算基数	费率	工程量表
				措施项目							
	一			通用项目							
1	1			安全文明施工费	项	计算公式组价			FBFXHJ+KAWCS	1.04	
2	2			夜间施工费	项	计算公式组价			RGF+JSCS_RGF	0.1	
3	3			二次搬运费	项	计算公式组价			RGF+JSCS_RGF	0.1	
4	4			冬雨季施工	项	计算公式组价			RGF+JSCS_RGF	2	
5	5			大型机械设备进出场及安拆费	项	定额组价					
6	6			施工排水	项	计算公式组价					
7	7			施工降水	项	计算公式组价					
8	8			地上、地下设施、建筑物的临时保护设施	项	计算公式组价					
9	9			已完工程及设备保护	项	计算公式组价			RGF+JSCS_RGF	0.15	
	二			可计量措施							
10					项						

图 7-13　措施项目数据编辑界面

四、预算数据处理

1. 输入清单

点击，在弹出的属性窗口中，选择所需切换的专业，在属性

窗口辅助工具栏区选择【章节查询】或【条件查询】，选择所需要的清单项，例如：整理绿化用地，然后左键双击或点击【插入】输入到数据编辑区，然后在工程量列输入清单项的工

程量，如图 7-14 所示，按照自 1～6 的顺序操作。

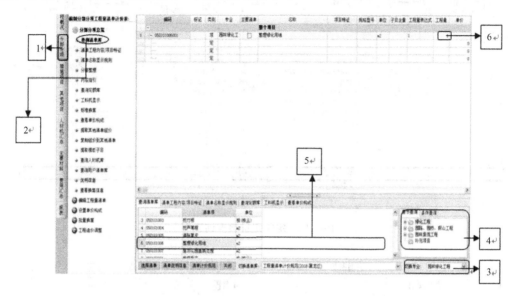

图 7-14　查询清单库界面

2. 措施项目

选择【措施项目】钮，自动显示页面。

① 计算公式组价项　软件已按专业分别给出，如无特殊规定，可按软件计算，如图 7-15 所示。

	序号	类别	编码	名称	单位	组价方式	项目特征	清单工作内容	计算基数	费率	工程量表
				措施项目							
	一			通用项目							
1	1			安全文明施工费	项	计算公式组价			FBFXHJ+KAWCS	1.04	
2	2			夜间施工费	项	计算公式组价			RGF+JSCS_RGF	0.1	
3	3			二次搬运费	项	计算公式组价			RGF+JSCS_RGF	0.1	
4	4			冬雨季施工	项	计算公式组价			RGF+JSCS_RGF	2	
5	5			大型机械设备进出场及安拆费	项	定额组价					
6	6			施工排水	项	计算公式组价					
7	7			施工降水	项	计算公式组价					
8	8			地上、地下设施、建筑物的临时保护设施	项	计算公式组价					
9	9			已完工程及设备保护	项	计算公式组价			RGF+JSCS_RGF	0.15	
	二			可计量措施							
10					项						

图 7-15　措施项目界面

② 定额组价项　例如选择"脚手架"项，在界面工具条中点击【查询】，在弹出的界面里找到相应措施定额"脚手架子目"，然后双击或点击【插入】，并输入工程量，如图 7-16 所示。

3. 其他项目

选择【其他项目】钮，根据工程实际情况在数据编辑区输入其他项目内容，如图 7-17 所示。

4. 人材机汇总

① 直接修改市场价　选择【人材机汇总】钮，选择需要修改市场价的人材机项，鼠标点击其市场价，输入实际市场价，软件将以不同底色标注出修改过市场价的项，如图 7-18 所示。

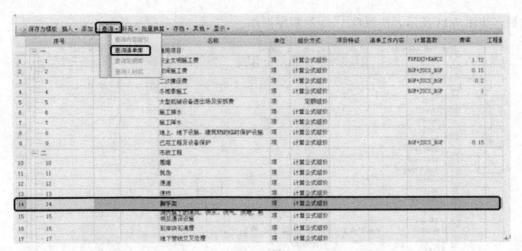

图 7-16　定额组价项查询界面

序号		名称	计算基数	费率(%)	金额	费用类别	不可竞争费	备注	不计入合价
1	-	其他项目			0	普通			
2	1	暂列金额	暂列金额		0	暂列金额	☐		☐
3	2	暂估价	专业工程暂估价		0	暂估价	☐		☐
4	2.1	材料暂估价			0	材料暂估价	☐		☑
5	2.2	专业工程暂估价	专业工程暂估价		0	专业工程暂估	☐		☑
6	3	计日工	计日工		0	计日工	☐		☐
7	4	总承包服务费	总承包服务费		0	总承包服务费	☐		☐

图 7-17　其他项目界面

	编码	类别	名称	规格型号	单位	数量	预算价	市场价	市场价合计	价差	价差合计	供货方式	甲供数量
1	03017	机	汽车式起重机	5t	台班	8.018	388.25	388.25	3112.99	0	0	自行采购	
2	04005	机	载重汽车	5t	台班	0.054	310.71	310.71	16.78	0	0	自行采购	
3	A0002	人	综合工日		工日	252.8709	35.05	35.05	8863.13	0	0	自行采购	
4	B0066	材	草绳		kg	790	3.87	3.87	3057.3	0	0	自行采购	
5	B0183	材	镀锌铁丝	12#~16#	kg	4.3	3.85	3.85	16.56	0	0	自行采购	

图 7-18　人材机汇总界面

②载入市场价　选择【人材机汇总】钮，选择【载入市场价】，在"载入市场价"窗口选择所需市场价文件，点击【确定】。

5. 费用汇总

选择【人材机汇总按钮】，进入工程取费窗口。计算软件按照不同地区自行设置取费标准，可直接使用。

五、打印输出

预算编制结束后，保存，即：点击菜单的【文件】，选择【保存】或者点击系统工具条中的 ，完成保存工作。

如果需要打印输出，则选择【报表】钮，选择需要打印的报表，然后选择 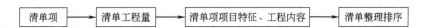 批量打印 即可根据需要打印出各类表格，如图 7-19 所示。

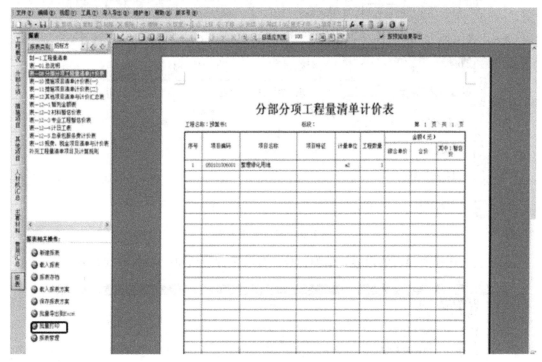

图 7-19　报表打印输出界面

六、退出

点击菜单的【文件】，选择【退出】或点击软件界面右上角 ⊠ ，退出软件。

第二节　软件功能详解

本节主要对分部分项工程清单数据输入进行简单介绍。

一、工程量清单输入

招标方：按照工程实际情况，对单位工程的分部分项清单进行列项。

投标方：把招标方提供的清单输入到预算书中用于组价。

清单项输入的方法有两种，即：直接输入、导入甲方清单。

1. 直接输入

直接输法按照以下步骤操作：

清单项 ⟶ 清单工程量 ⟶ 清单项项目特征、工程内容 ⟶ 清单整理排序

2. 导入甲方清单

当招标方提供工程量清单 Excel 文件形式时，投标方可以直接把招标方提供的工程量清

单导入软件中，可以快速完成清单的输入。其步骤如下。

① 点击菜单栏【导入导出】，选择【导入 Excel 文件】，如图 7-20 所示。

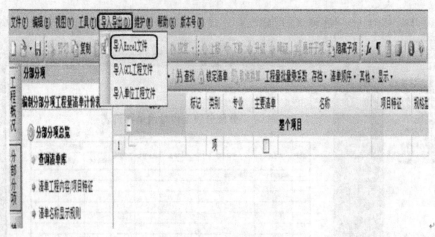

图 7-20　导入导出界面

② 在左边选择要导入的内容，例如：分部分项工程量清单，如图 7-21 所示。

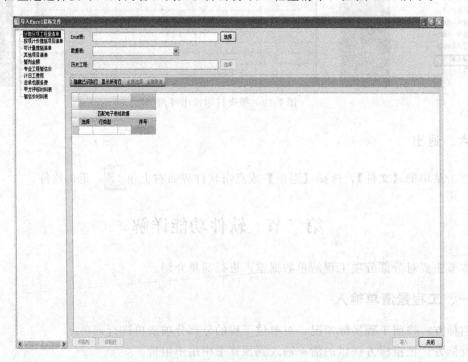

图 7-21　分部分项工程量清单界面

③ 点击右面"Excel 表"后面的【选择】按钮，如图 7-21 所示。选择要导入的 Excel 文档，点击"打开"按钮。

④ 在"数据表"中展开选择"分部分项工程量清单"，如图 7-22 所示。

⑤ 点击"识别列"按钮，软件会自动识别列，但由于 Excel 文档格式各不相同，可能出现有些不识别的，需要手动识别。手动识别的方法是，点击该列标题中的"列识别"，展开的选项中选择需要指定的列标题，如图 7-23 所示。

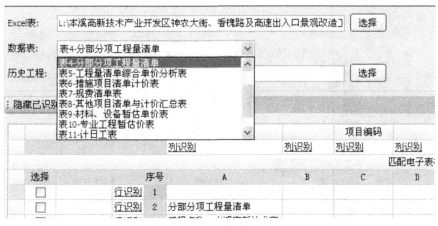

图 7-22　数据表界面

图 7-23　识别列界面

⑥ 点击下面"识别行"按钮，如图 7-24 所示。

⑦ 点击右下角【导入】按钮，点击【确定】完成导入，如图 7-25 所示。

注意事项：

a. 导入时，如果当前预算书中已经有内容，软件会提示覆盖，选择"是"则覆盖，选择"否"则追加。

b. 为确保甲方清单不被改动，导入的甲方清单默认是锁定状态不能修改的，如果想修改，可以点击工具栏 🔒 解除清单锁定 按钮。

二、清单项数据处理

点击【分部分项】页，进行输出定额子目、工程量、综合单价。

1. 定额子目输入

① 直接输入　在编码处直接输入定额号，例如 1-54，定额的基本内容会直接显示出来，如图 7-26 所示。

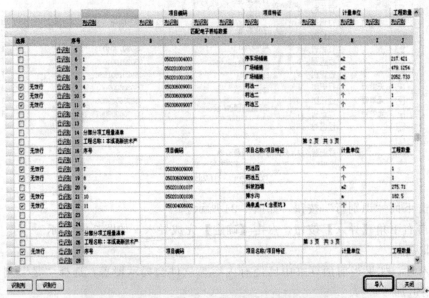

图 7-24　识别行界面

图 7-25　导入完成界面

② 查询输入　点击功能区中的【查询定额库】，然后选择【章节查询】或【条件查询】，然后出现定额库对话框，双击所查找定额，如图 7-27 所示。

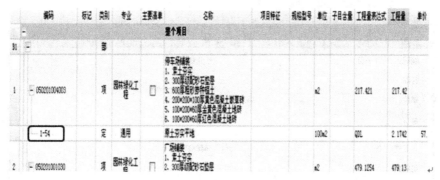

图 7-26　直接输入界面

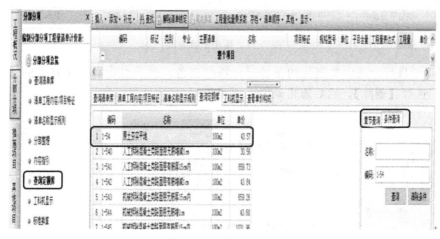

图 7-27　查询输入界面

③ 补充定额子目　如果在预算软件定额库中查找不到所需定额，需要预算工作者自行补充。其方法是：点击工具栏中【补充】按钮，选择"子目"如图 7-28 所示。

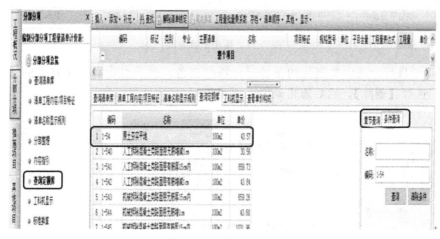

图 7-28　补充定额子目界面

然后出现对话框如图 7-29 所示，依次填入对话框中的空格。如果需要把该定额子目存入定额库以便下次使用，则再在存档以方便下次使用处画"√"。

④ 增加子目行　如果一个分项有多个定额子目，表格不够填写，可以点击系统工具条的【插入】或【添加】或在右边对话框里点击鼠标右键，选择【插入】或【添加】选择"子目"，然后继续输入定额子目即可。

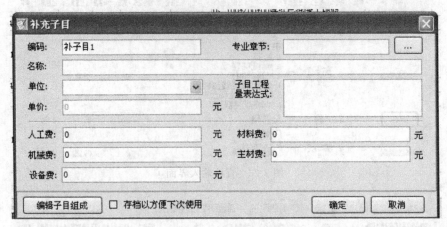

图 7-29　补充子目界面

⑤ 删除子目行　选中要删除的子目行，该行变色，然后点击系统工具条的【删除】或鼠标右键，选择【删除】，然后点击确定，如图 7-30 所示。

图 7-30　删除子目行界面

2. 定额子目工程量输入

① 直接输入　在定额子目对应的工程量处直接输入工程清单中给出的工程数量，按回车键，软件会用清单工程量自动计算转换为定额单位的工程数量，如图 7-31 所示。

图 7-31　直接输入界面

② 计算式输入　在定额子目工程量计算式处输入四则运算式，例如：4×3＋12，工程量处输出结果 24。

3. 措施项目费用

在空白处直接输入或插入所需的独立的措施项目定额子目。

4. 其他项目费用

① 暂列金额编辑

a. 点击导航栏，选择【编辑暂列金额】，如图 7-32 所示。

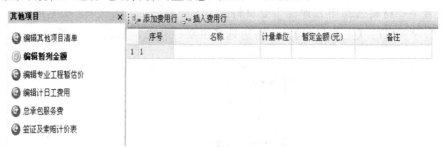

图 7-32　编辑暂列金额界面

b. 在右边的窗口中，输入暂列项目的名称、单位、金额即可。

c. 如果有多个暂列项目，表格不够填写，可以在右边对话框里点击鼠标右键，选择【插入费用行】或【添加费用行】即可。

d. 如果需要删除行，先选择需要删除的费用项，点击右键选择【删除】或选择【编辑工具条】里的【删除】。

② 专业工程暂估价编辑　同暂列金额编辑操作。

③ 计日工费用编辑　同暂列金额编辑操作。

④ 总承包服务费编辑　同暂列金额编辑操作。

⑤ 费率信息的查询　鼠标点击所有查询的其他清单项的费率列，例如专业暂估价，点击属性窗口的【查询费率信息】，在窗口中选择需要查找的费率，双击即可输入，如图 7-33

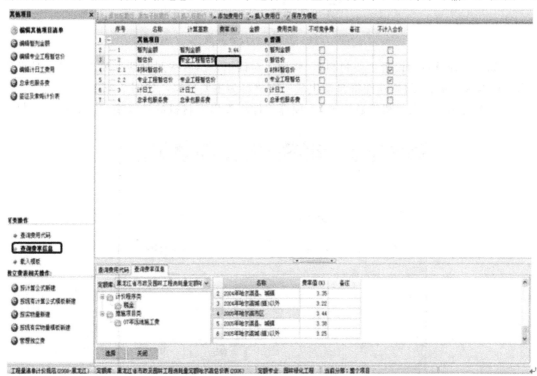

图 7-33　费率信息查询界面

所示。

5. 人材机汇总

根据招标方控制价和投标方报价的需要，预算员在计算过程中需要调整人材机价格。

① 设置主要材料表和甲方评标主要材料

a. 点击导航栏的【主要材料】，在右边选择主要材料表，如图 7-34 所示。

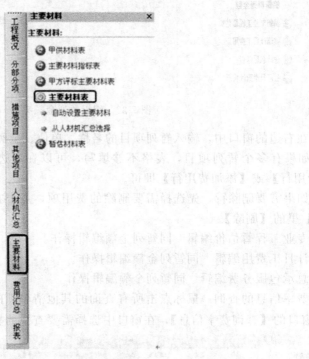

图 7-34　主要材料设置界面

b. 如果选择【自动设置主要材料】，将弹出对话框，然后按照对话框要求选择一种设置方式，点击【确定】，预算软件将自动生成所需材料为主要材料，如图 7-35 所示。

c. 如果选择【从人材机汇总选择】，预算软件将弹出人材机的选择窗口，在所需人材机

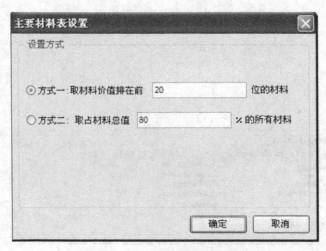

图 7-35　自动设置主要材料界面

前打钩，选择完毕，左键单击【确定】，预算软件会自动将所选人材机设置为主要材料，如图 7-36 所示。

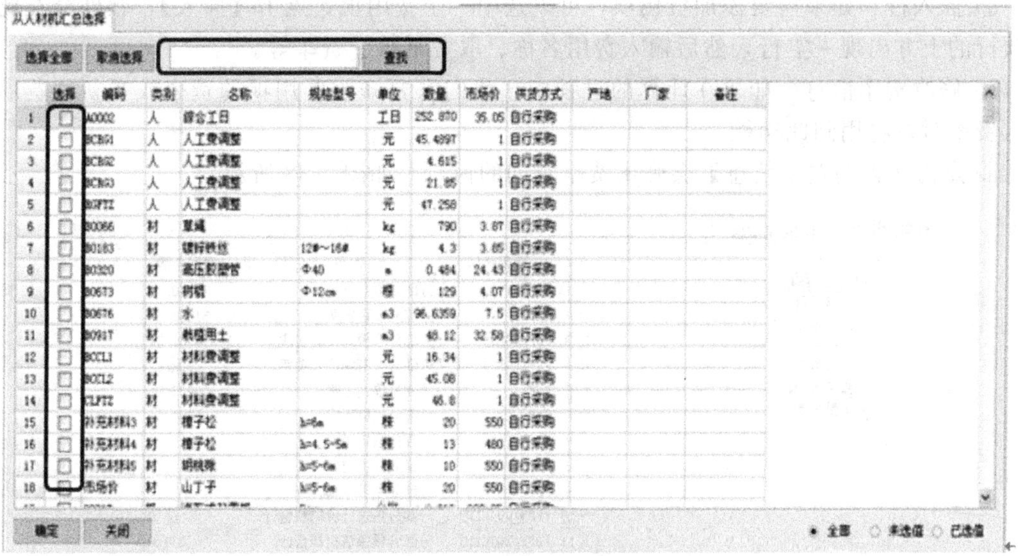

图 7-36　人材机汇总选择界面

② 暂估材料表　同设置主要材料表和甲方评标主要材料。

6. 费用汇总

软件中设置了工程量清单的费用构成，如果没有特殊要求可以直接使用。如果需要调整价格，可以自行修改。

点击导航栏中的【费用汇总】，右边出现该界面。如图 7-37 所示。

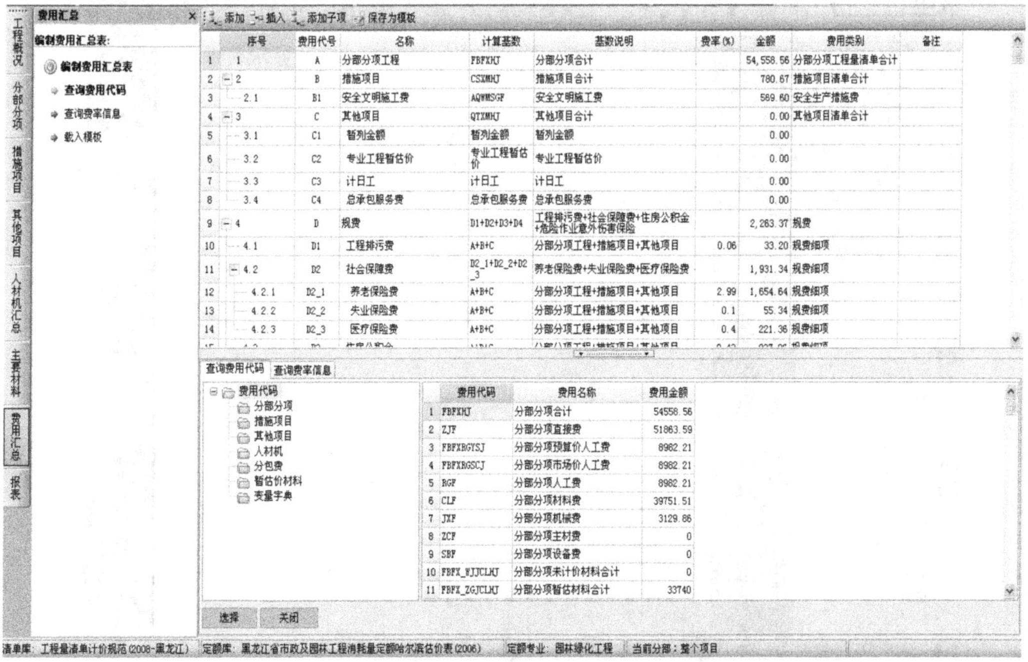

图 7-37　费用汇总界面

① 删除行　如果需要删除费用项，选择所要删除的费用项，点击系统工具条的【删除】或鼠标右键【删除】。

② 插入行　如果需要添加费用项，可以选中一个费用项，点击【插入】，软件会在此费用项行的上方出现一空行，然后输入费用名称、取费基数、费率等。

③ 修改费率信息　如果在计算的过程中，我们需要修改费用项的费率或在新的费用项输入费率时，将用到此功能。

a. 点击【查询费率信息】会弹出费率查询的窗口，如图7-38所示。

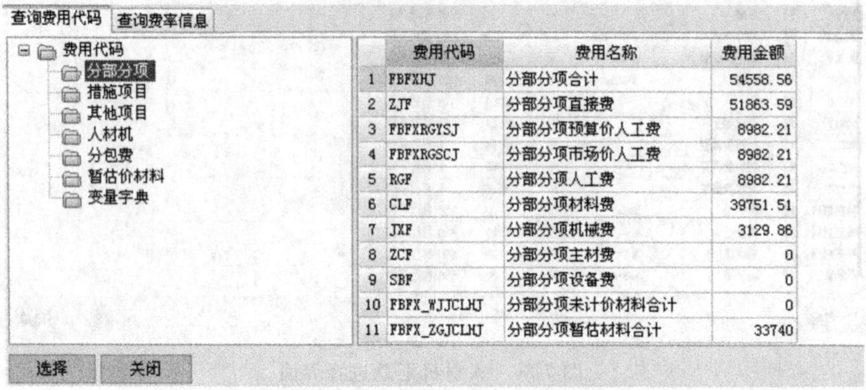

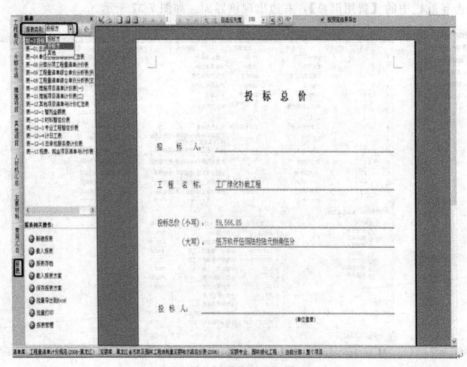

图 7-38　查询费率信息界面

b. 在右窗口中查找需要的费率值，双击左键会自动套用该费率。

7. 报表

招标方和投标方所需报表形式不同，所以在报表预览之前要选择一下报表类别。

图 7-39　报表类别选择界面

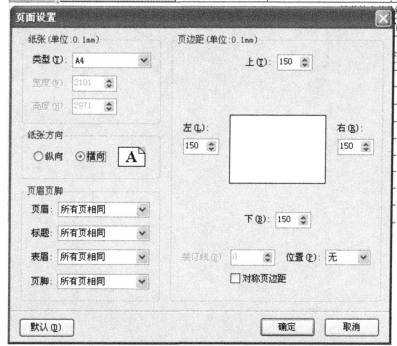

图 7-40　编辑报表界面

① 选择报表类别　点击导航栏中的【报表】，右侧界面跳出报表，在【报表类别】处选择"招标方"或"投标方"或"其他"，如图 7-39 所示。

② 编辑报表　如果需要对报表页面进行编辑设计，可以利用此功能。例如将页面改变打印方向、页边距、页眉页脚等。

操作方法：鼠标左键选择要编辑的报表，报表页面右键点击，左键选择出现对话框中的【报表设计】，出现报表设计界面，如图 7-40 所示。

③ 输出报表　报表输出可以使用【报表打印】或【导出到 Excel】，两种方法根据实际情况具体选择。

参 考 文 献

［1］ 王艳玉. 建筑工程造价. 哈尔滨：哈尔滨工程大学出版社，2007.

［2］ 樊俊喜. 园林绿化工程工程量清单计价编制与实例. 北京：机械工业出版社，2008.

［3］ 建设部标准定额研究所.《建设工程工程量清单计价规范》宣贯辅导教材. 北京：中国计划出版社，2003.

［4］ 黑龙江省住房和城乡建设厅.《黑龙江省建设工程计价依据》. 哈尔滨：哈尔滨出版社，2010.

［5］ 董三孝. 园林工程概预算与施工组织管理. 北京：中国林业出版社，2003.

［6］ 广联达计价软件 GBQ4.0 操作手册.